Lehrbuch der darstellenden Geometrie

Von

Dr. W. Ludwig
o. Professor an der Technischen Hochschule Dresden

Zweiter Teil

Das rechtwinklige Zweitafelsystem
Kegelschnitte, Durchdringungskurven
Schraubenlinie

Mit 50 Textfiguren

Springer-Verlag Berlin Heidelberg GmbH

1922

Copyright 1922 by Springer-Verlag Berlin Heidelberg
Ursprünglich erschienen bei Julius Springer in Berlin 1922.

ISBN 978-3-662-42744-6   ISBN 978-3-662-43021-7 (eBook)
DOI 10.1007/978-3-662-43021-7

Vorwort.

Die Verzögerung, mit der dem ersten Teil dieses Lehrbuches der zweite Teil folgt, möge mit der starken Überlastung entschuldigt werden, die dem Verfasser in den ersten Jahren nach dem Kriege die außergewöhnlichen Anforderungen des Hochschulunterrichtes brachten. Nunmehr hoffe ich aber, den dritten und letzten Teil bald folgen lassen zu können.

Am Plan und an der Absicht des Buches, wie sie im Vorwort zum ersten Teil auseinandergesetzt wurden, hat sich nichts geändert; höchstens wäre zu erwähnen, daß infolge veränderter Stundenverteilung der Stoff des ersten Teiles des Buches sich nicht mehr mit dem Stoff des ersten Teiles meiner Vorlesung deckt. Jedoch möchte ich angesichts der eingehenden Behandlung, die ich der Ausführung von Konstruktionen — besonders in den Kapiteln über die Durchdringungskurven — habe zuteil werden lassen, ausdrücklich darauf hinweisen, daß sie lediglich Muster sein sollen für ähnliche, aber in manchen Verhältnissen abweichende Aufgaben*). Ein lebendiges Verständnis für räumliche Gestalten und ihre geometrischen Eigenschaften erwächst nur aus eigenem Schaffen, und zu solchem kann der Anfänger am besten durch die Aufgaben der Darstellenden Geometrie angeregt werden, die ihn zu selbständiger Überlegung auf Grund der ihm bereits zu Gebote stehenden Kenntnisse veranlassen. Aus diesem Grunde gebe ich für den Anfang des Studiums der konstruktiven und der elementargeometrischen Behandlung der Darstellenden Geometrie den Vorzug. Übrigens gestattet auch sie die Verfolgung geometrischer Gedanken über das bloße Bedürfnis der Konstruktion hinaus — z. B. bei der Ableitung der konstruktiv wichtigen Eigenschaften der Kegelschnitte und bei der Behandlung der Fälle, in denen Durchdringungskurven sich in Kegelschnitte abbilden, — und weist durch Beispiele auf höhere geometrische Theorien hin, ihnen so den Boden vorbereitend. Besondere Ergänzungen, vor allem nach der Seite der projektiven Geometrie hin, bleiben natürlich für Studierende der Mathematik notwendig.

Auch dieses Mal ist es mir eine angenehme Pflicht, dem Verlage für die mir und meinem Buch bewiesene Geduld und Sorgfalt aufrichtigst zu danken.

Dresden, im Februar 1922. **W. Ludwig.**

---

*) Solche sind z. B. zu entnehmen aus E. Müller, Technische Übungsaufgaben für darstellende Geometrie. Leipzig und Wien, Franz Deuticke, 1911.

Th. Schmid, Maschinenbauliche Beispiele für Konstruktionsübungen zur darstellenden Geometrie. Leipzig, G. J. Göschen, 1911.

Inhaltsverzeichnis.

Dritter Abschnitt.

Die Kegelschnitte.

I. Der Kreiskegel.

II. Die Ellipse als Kegelschnitt.

III. Die Parabel.

IV. Die Hyperbel.

Vierter Abschnitt.

Raumkurven.

I. Drehflächen.

II. Durchdringungskurven krummer Flächen: Kegel- und Zylinderflächen.

III. Durchdringungskurven krummer Flächen: Flächen mit Kreisschnitten.

IV. Abwicklungen.

V. Die Schraubenlinie.

Die Kegelschnitte.

I. Der Kreiskegel.

Die Kreiskegelfläche.

201. Werden durch die Punkte einer *Leitkurve* k gerade Linien gelegt, die sämtlich durch einen — mit k nicht in derselben Ebene befindlichen — Punkt S laufen, so entsteht eine *Kegelfläche*, als deren *Erzeugende* wir die Geraden und als deren *Scheitel* wir S bezeichnen. Ist insbesondere k ein Kreis, so erhalten wir eine *Kreiskegelfläche*; sie besteht aus zwei, nur im Scheitel S zusammenhängenden *Mänteln* und ist *gerade*, wenn ihre *Mittellinie*, die S mit dem Mittelpunkt von k verbindet, auf der Ebene von k senkrecht steht.

Für jede Kegelfläche können wir unverändert die Erörterungen wiederholen, die wir in Nr. 184 an die Tangenten von ebenen, auf einer Zylinderfläche liegenden Kurven geknüpft haben; *deshalb gelten die Sätze von Nr. 184 auch für die Kegelflächen und die auf ihnen liegenden ebenen Kurven.* Da also zu jeder Erzeugenden einer Kegelfläche eine Tangentialebene gehört, in der die Erzeugende und somit auch der Scheitel S enthalten ist, so können wir noch den Satz hinzufügen:
Alle Tangentialebenen einer Kegelfläche gehen durch ihren Scheitel.

202. Eine Ebene Φ, die durch den Scheitel S einer Kreiskegelfläche geht, ist entweder zu der Ebene des Leitkreises k parallel oder schneidet sie in einer Geraden f. Im ersten Fall enthält Φ keinen Punkt von k und somit auch keine Erzeugende der Kreiskegelfläche; im zweiten Fall tritt je nach dem gegenseitigen Verhalten von k und f eine dreifache Möglichkeit auf. Dadurch erhalten wir, ähnlich wie in Nr. 185, den Satz:
Von einer Kreiskegelfläche liegen in einer Ebene, die durch ihren Scheitel geht, zwei oder eine oder keine Erzeugende. Im mittelsten Fall ist die Ebene die Tangentialebene, die zu der Erzeugenden gehört.

Im Anschluß an ihn stellen wir die
Aufgabe: *Gegeben* sind für eine Kreiskegelfläche die Risse des Scheitels S und des in wagerechter Ebene liegenden Leitkreises k, sowie Be-

stimmungsstücke einer durch S gehenden Ebene Φ. *Gesucht* sind die Risse der in Φ befindlichen Erzeugenden der Kreiskegelfläche.

Zu ihrer Lösung benützen wir, daß der Aufriß k'' zugleich die zweite Spur der Leitkreisebene ist und somit den Aufriß f'' der Schnittlinie f zwischen dieser Ebene und Φ liefert. Wir konstruieren — je nach den für Φ gegebenen Stücken auf Grund von Nr. 54 oder Nr. 58 — den Grundriß f' und verbinden, wenn solche vorhanden sind, die Schnittpunkte zwischen dem Kreis k' und der Geraden f' mit S', sowie die zu ihnen als Aufrisse gehörigen Punkte von $f'' \equiv k''$ mit S''.

Wenn eine Gerade g der Kreiskegelfläche in einem von S verschiedenen Punkt P begegnet, so ist die Gerade SP eine Erzeugende der Fläche und liegt in der Ebene Φ, die durch S und g bestimmt wird. Um also die sämtlichen Schnittpunkte zwischen g und der Kreiskegelfläche zu finden, werden wir die in Φ enthaltenen Erzeugenden und, wenn solche vorhanden sind, ihre Schnittpunkte mit g aufsuchen. Da höchstens zwei Erzeugende in Φ liegen und jede höchstens einmal von g geschnitten wird, folgt der Satz:

Eine Kreiskegelfläche wird von einer Geraden, die nicht durch ihren Scheitel geht, in zwei Punkten oder in einem Punkt oder gar nicht getroffen.

Im zweiten Fall ist g entweder einer Erzeugenden parallel oder (Nr. 185) eine Tangente der Kreiskegelfläche.

203. Ist l eine Gerade, die durch den Scheitel S einer Kreiskegelfläche läuft, so schneidet jede durch l gehende Tangentialebene der Fläche die Leitkreisebene in einer Tangente von k. Diese Tangente ist, wenn l zu der Leitkreisebene parallel ist, zu l parallel und trägt im anderen Fall den Punkt L, in dem l die Leitkreisebene durchsetzt. Nun gibt es, wenn l zu der Leitkreisebene parallel ist, zwei zu l parallele und, wenn L außerhalb von k liegt, zwei durch L laufende Tangenten von k; dagegen ist, wenn L auf k liegt, nur eine und, wenn L von k umschlossen wird, keine solche Tangente vorhanden. Deshalb folgt:

Durch eine Gerade l, die den Scheitel einer Kreiskegelfläche enthält, gehen zwei Tangentialebenen der Fläche, wenn l die Ebene des Leitkreises nicht in einem Punkt schneidet, der im Innern desselben oder auf ihm liegt.

Jede Tangentialebene, die einer Geraden g parallel ist, enthält die Gerade l, die durch S zu g parallel gelegt werden kann. Hieraus fließt die Vorschrift:

Sollen die Tangentialebenen einer Kreiskegelfläche bestimmt werden, die einer gegebenen Geraden g parallel sind, so ziehe man durch den Kegelscheitel die zu g parallele Gerade l und suche die durch l laufenden Tangentialebenen auf.

Den Übergangsfall wollen wir im folgenden vernachlässigen und sagen deshalb:

Es gibt entweder zwei oder keine zu g parallelen Tangentialebenen.

Der Umriß der Kreiskegelfläche.

204. Wird eine Kreiskegelfläche durch Parallelstrahlen projiziert, so sind zwei Fälle zu unterscheiden, je nachdem der Projektionsstrahl l des Scheitels S die Ebene des Leitkreises k in einem von k umschlossenen Punkt L schneidet oder nicht. Im *ersten* Fall, in dem keine zu den Projektionsstrahlen parallelen Tangentialebenen vorhanden sind, liegt der Riß $\overline{S}$ von S ebenso wie der mit ihm zusammenfallende Riß $\overline{L}$ von L im Innern der Bildellipse $\overline{k}$; deshalb bedecken die Risse der Erzeugenden der Kegelfläche, d. h. die Geraden, die $\overline{S}$ mit den einzelnen Punkten von k verbinden, die ganze Rißtafel, so daß ein Umriß nicht auftritt.

Im *zweiten* Fall dagegen gibt es zwei Tangentialebenen der Kreiskegelfläche, die den Projektionsstrahlen parallel sind; sie bilden zwei Scheitelwinkelpaare, in deren einem die Fläche enthalten ist. Sind u, v die Erzeugenden, zu denen die beiden Tangentialebenen gehören, und $\overline{u}$, $\overline{v}$ ihre Risse, so schließen wir genau so wie in Nr. 186, daß das Bild der Fläche nur das eine Scheitelwinkelpaar zwischen $\overline{u}$ und $\overline{v}$ erfüllt; wir erkennen hiermit, daß $\overline{u}$, $\overline{v}$ den scheinbaren und u, v den wahren Umriß der Fläche bilden. Jetzt liegt aber entweder der Punkt L außerhalb von k oder ist l zu der Ebene von k parallel; infolgedessen ist $\overline{k}$ entweder eine Ellipse, die den Punkt $\overline{S} = \overline{L}$ nicht umschließt, oder eine Strecke, der der Punkt $\overline{S}$ nicht angehört. Also erhalten wir den Satz:

Eine Kreiskegelfläche besitzt nur dann einen scheinbaren Umriß, wenn der Riß ihres Leitkreises entweder eine Strecke oder eine Ellipse ist, die den Riß des Scheitels der Kegelfläche nicht umschließt.

205. Dieselbe Schlußfolge wie in Nr. 187 führt zu dem Satz:
Besitzt eine Kreiskegelfläche einen scheinbaren Umriß, so berührt der Riß einer Kurve, die auf der Fläche liegt, den scheinbaren Umriß in jedem Punkt, in dem er an ihn herantritt.

Wie in Nr. 187 entsteht auch jetzt eine Ausnahme, wenn es sich um eine ebene Kurve c handelt, deren Ebene E den Projektionstrahlen parallel ist. Sie erledigt sich wiederum dahin, *daß der Riß $\overline{c}$ von c auf der Spur e von E liegt und durch die Schnittpunkte $\overline{U}$, $\overline{V}$ zwischen e und den Geraden $\overline{u}$, $\overline{v}$ begrenzt wird, die den scheinbaren Umriß bilden.* Aber $\overline{c}$ ist dabei nicht immer die Strecke $\overline{U}\,\overline{V}$ selbst, sondern nur dann, wenn dieselbe in einem der beiden Winkel zwischen $\overline{u}$ und $\overline{v}$ enthalten ist, auf die das Bild der Kreiskegelfläche fällt; im andern Fall besteht $\overline{c}$ aus den außerhalb der Strecke $\overline{U}\,\overline{V}$ liegenden Teilen von e. Wenn e zu einer der beiden Geraden $\overline{u}$, $\overline{v}$, etwa zu $\overline{v}$, parallel läuft, fehlt $\overline{V}$ und ist $\overline{c}$ der eine der beiden Teile, in die e durch $\overline{U}$ zerlegt wird.

Diese Betrachtungen gelten auch für den Leitkreis k, dessen Riß entweder eine Ellipse oder eine Strecke sein kann. Deshalb dürfen wir im Zusammenhang mit Nr. 204 und Nr. 143 den Satz aussprechen:
Sind in einer Rißtafel für eine Kreiskegelfläche die Risse $\overline{k}$ und $\overline{S}$ des Leitkreises und des Scheitels gegeben und wird $\overline{S}$ nicht von $\overline{k}$ um-

schlossen, so besteht der scheinbare Umriß der Fläche aus den beiden Ge-
raden, die man aus $\bar{S}$, wenn $\bar{k}$ eine Ellipse ist, als Tangenten an dieselbe
oder, wenn $\bar{k}$ eine Strecke ist, nach deren Endpunkten ziehen kann.

Handelt es sich um eine gerade Kreiskegelfläche, deren Mittel-
linie m zu der Rißtafel parallel ist, so ist bei rechtwinkeliger Projektion $\bar{k}$
der Riß $\bar{U}\bar{V}$ der zur Tafel parallelen Durchmessersehne UV von k
(Nr. 173). Deshalb bilden den wahren Umriß die Erzeugenden SU,
SV, deren Ebene zugleich mit den in ihr enthaltenen Geraden m und
UV zu der Tafel parallel ist. Also gilt der Satz:

Wird eine gerade Kreiskegelfläche rechtwinkelig auf eine zu ihrer Mittel-
linie parallele Rißtafel projiziert, so besteht ihr wahrer Umriß aus den
beiden Erzeugenden, deren Ebene durch die Mittellinie parallel zu der
Tafel läuft.

206. Der Leitkreis einer Kreiskegelfläche begrenzt auf dem ihn
tragenden Mantel derselben und auf seiner Ebene Flächenstücke, die
zusammen die Oberfläche eines Körpers, eines *Kreiskegels*, bilden. Ein
solcher ist *gerade*, wenn die Kreiskegelfläche es ist.

Aufgabe: *Gegeben* sind für einen Kreiskegel die Risse des Scheitels S
und des Leitkreises k. *Gefordert* ist die Konstruktion der Risse des
Kreiskegels.

Wir führen in Fig. 59 die Lösung für den Fall durch, daß es sich
um einen geraden Kreiskegel handelt und daß k durch die Risse des
Mittelpunktes M und durch den Halbmesser r bestimmt ist. Dann
können wir, da ja die Ebene von k in M auf der Mittellinie $m \equiv SM$ des
Kegels senkrecht steht, die Risse von k nach Nr. 178 und Nr. 179 herstellen und erhalten aus ihnen — je nach der Anordnung der gegebenen
Stücke — verschiedene Möglichkeiten für die scheinbaren Umrisse des
geraden Kreiskegels. In Fig. 59 sind alle wesentlichen Fälle vertreten:
Auf Grund der Sätze von Nr. 204 und Nr. 205 und in Übereinstimmung
mit dem Satz von Nr. 188 besteht der scheinbare Umriß im Grundriß,
da S' von k' umschlossen wird, nur aus k'; im Aufriß dagegen aus Stücken
der Tangenten, die aus S'' an k'' zu legen[1]) sind, und aus einem Stück
von k''; im Seitenriß endlich aus dem Dreieck, das durch S''' und die
Strecke k''' bestimmt wird.

Ein besonders einfacher Fall ist *der gerade Kreiskegel mit scheitel-*
rechter Mittellinie und folglich wagerechter Leitkreisebene: Bei ihm ist k'
ein mit k kongruenter Kreis und $S' \equiv M'$; ferner ist k'' eine wagerechte Strecke und der scheinbare Umriß in der Aufrißtafel ein gleich-

---

[1]) Es genügt meist, diese Tangenten durch einfaches Anlegen des Lineales
zu ermitteln; doch können sie zugleich mit ihren Berührungspunkten auch genau
auf Grund der Bemerkung konstruiert werden, daß ihnen in der Affinität zwischen
der Ellipse k'' und dem über ihrer kleinen Achse geschlagenen Kreise (Nr. 157)
die Tangenten entsprechen, die von S'' an den letzteren gehen.

schenkeliges Dreieck, dessen Grundlinie diese Strecke und dessen Spitze S'' ist.

Wünschen wir die Umrisse nicht nur eines Kreiskegels, sondern einer Kreiskegelfläche zu finden, so brauchen wir nur die Umrisse des Kreiskegels zu bestimmen, der durch die Leitkreisebene abgegrenzt wird, und die dabei erhaltenen Risse von Erzeugenden der Kegelfläche nach beiden Seiten hin zu verlängern.

Zu der Leitkreisebene parallele Schnitte.

207. Die Stereometrie lehrt, daß zwei parallele Ebenen eine Pyramide in ähnlichen Vielecken schneidet, und beweist hieraus — ebenso wie der entsprechende Satz über das Prisma auf Zylinderflächen übertragen wird (Nr. 10) — für die Kegelflächen den Satz:

Eine Kegelfläche wird durch parallele Ebenen in ähnlichen Kurven geschnitten.

Handelt es sich insbesondere um eine Kreiskegelfläche, so wird eine Ebene Δ, die zu der Ebene des Leitkreises k parallel ist, von der Mittellinie SM der Fläche und von einer beliebigen Erzeugenden SX in den Punkten N und Y so durchbohrt, daß $MX \| NY$ und somit $NY : MX = SN : SM$ ist. Lassen wir X auf k laufen, so beschreibt Y die Kurve c, in der Δ die Kreiskegelfläche durchdringt. Dabei ändern die Strecken MX, SN, SM und folglich auch die Strecke NY ihre Längen nicht; das heißt:

Eine Kreiskegelfläche wird durch jede Ebene, die der Leitkreisebene parallel ist, geschnitten in einem Kreis, dessen Mittelpunkt auf ihrer Mittellinie liegt.

Aufgabe: *Gegeben* sind nach Nr. 206 die Risse einer Kreiskegelfläche mit wagerechter Leitkreisebene und die Aufrißspur d_2 einer wagerechten Ebene Δ. *Gesucht* sind die Risse des Kreises c, in dem Δ die Kegelfläche durchsetzt.

Wir konstruieren genau nach den vorangegangenen Erörterungen: Der Aufriß N'' wird (Nr. 66) durch d_2 in $S''M''$ und der Grundriß N' durch die Ordnungslinie von N'' in $S'M'$ eingeschnitten; ist, wie in Fig. 66, die Kreiskegelfläche gerade, so ist $N' \equiv M' \equiv S'$. Die Strecke, die auf d_2 durch den scheinbaren Umriß der Kreiskegelfläche abgegrenzt wird, ist nach Nr. 205 der Aufriß c'' von c und liefert (Nr. 173) die Durchmesserlänge für den Grundriß c', der ein Kreis um N' ist.

Auf diese Aufgabe läßt sich die Lösung der folgenden zurückführen.

Aufgabe: *Gegeben* sind nach Nr. 206 die Risse einer Kreiskegelfläche mit wagerechter Leitkreisebene und die Risse einer wagerechten Geraden t. *Gesucht* sind die Risse der Punkte, in denen t die Kreiskegelfläche durchbohrt.

Wenn die gesuchten Punkte überhaupt vorhanden sind, liegen sie in der wagerechten Ebene Δ, die durch t geht, und somit auf dem

Kreis c, in dem die Kreiskegelfläche von Δ geschnitten wird. Deshalb bestimmen wir zur Lösung der Aufgabe den Grundriß c' von c nach der vorigen Aufgabe und suchen seine Schnittpunkte mit t'. Gibt es — wie in Fig. 66 — zwei solche Punkte A', B', so trifft t die Kreiskegelfläche in zwei Punkten A, B, deren Aufrisse durch die Ordnungslinien von A', B' auf t'' übertragen werden. In den beiden anderen möglichen Fällen ist t Tangente von c oder schneidet die Kegelfläche nicht.

208. Es leuchtet sofort ein, *daß jeder Kreis, der als zur Leitkreisebene paralleler Schnitt auftritt, zum Leitkreis der Kreiskegelfläche genommen werden kann.* Auf einer geraden Kreiskegelfläche heißen diese Kreise *Breitenkreise*. Ist die Leitkreisebene einer solchen wagerecht und somit die Mittellinie scheitelrecht, so ist der Grundriß eines Breitenkreises diesem stets kongruent und hat — wie der Grundriß des Leitkreises, der ja ebenfalls ein Breitenkreis ist — den Grundriß des Kegelscheitels zum Mittelpunkt. Deshalb können wir die erste Aufgabe von Nr. 207 folgendermaßen umkehren:

Aufgabe: *Gegeben* sind nach Nr. 206 die Risse einer geraden Kreiskegelfläche, deren Mittellinie scheitelrecht steht, und ein mit dem Grundriß des Leitkreises konzentrischer Kreis c'. *Gesucht* sind die Aufrisse der Breitenkreise, deren Grundriß c' ist.

Zu ihrer Lösung konstruieren wir die beiden Ordnungslinien, die Tangenten von c' sind — d. h. die beiden scheitelrechten Tangenten von c' — und schneiden sie mit den beiden Geraden, die im Aufriß den scheinbaren Umriß der Kegelfläche bilden. Es ergeben sich vier Schnittpunkte, die zwei wagerechte Strecken begrenzen; jede dieser beiden Strecken ist, wenn wir ihre Gerade als Aufrißspur d_2 einer wagerechten Ebene Δ nehmen, der Aufriß des durch Δ ausgeschnittenen Breitenkreises und liefert nach der ersten Aufgabe von Nr. 207 c' als zugehörigen Grundriß. Zur Bestimmung der beiden wagerechten Strecken genügt natürlich bereits die eine scheitelrechte Tangente von c'.

Wir können die Figur der letzten Aufgabe auch so auffassen, daß c' der Grundriß des Leitkreises einer geraden Kreiszylinderfläche ist, die dieselbe Mittellinie wie die gerade Kreiskegelfläche besitzt und deren scheinbarer Umriß im Aufriß durch die beiden scheitelrechten Tangenten von c' gebildet wird. Dann suchen wir und finden durch die Lösung der Aufgabe die beiden Flächen gemeinsamen Breitenkreise. Diese Breitenkreise nun tragen die Punkte, in denen die Erzeugenden der Zylinderfläche die Kegelfläche durchstoßen, und führen uns deshalb zu einer Lösung der

Aufgabe: *Gegeben* sind nach Nr. 206 die Risse einer geraden Kreiskegelfläche, deren Mittellinie m scheitelrecht steht, und die Risse einer scheitelrechten Geraden l. *Gesucht* werden die Risse der Punkte, in denen l die Kegelfläche durchbohrt.

Ist nämlich S' der Grundriß des Kegelscheitels S und L_1 der — den Grundriß l' ersetzende — erste Spurpunkt von l, so ist der Kreis, den wir um S' mit dem Radius $S'L_1$ schlagen, der Leitkreis einer geraden Kreiszylinderfläche, die m zur Mittellinie hat und der l als Erzeugende angehört. Wir bestimmen dann — durch das Verfahren der vorigen Aufgabe — die wagerechten Strecken, die als Aufrisse der beiden Flächen gemeinsamen Breitenkreise auftreten, und erhalten in ihren Schnittpunkten mit l'' die Aufrisse der gesuchten Punkte, während die Grundrisse in L_1 vereinigt sind. Wenigstens für den einen Kegelmantel ist diese Konstruktion in Fig. 81 und in Fig. 82 durchgeführt und ergibt in beiden den Punkt L.

209. Durch einen beliebigen Punkt P einer geraden Kreiskegelfläche geht ein Breitenkreis c; er wird ausgeschnitten durch die Ebene, die durch P senkrecht zu der Mittellinie m der Kegelfläche gelegt werden kann. Sein Mittelpunkt M ist der Schnittpunkt dieser Ebene mit m und infolgedessen der Fußpunkt des Lotes, das aus P auf m zu fällen ist. Also ist c bereits, wenn P und m gegeben sind, vermöge dieses Lotes PM vollständig bestimmt: durch seinen Mittelpunkt M und seinen Halbmesser MP. Die Aufsuchung seiner Risse wird durch Besonderheiten der Lage in den folgenden beiden Aufgaben vereinfacht.

Aufgabe: *Gegeben* sind die Risse zweier Geraden m und g, die einander schneiden und von denen m scheitelrecht steht. *Gesucht* sind die Risse der geraden Kreiskegelfläche, deren Mittellinie m ist und der g als Erzeugende angehört.

Der Scheitel der geraden Kreiskegelfläche ist der Schnittpunkt S von m und g; er hat zum Grundriß S' den ersten Spurpunkt von m, durch den auch g' läuft, und zum Aufriß S'' den Schnittpunkt von m'' und g''. Nehmen wir dann auf g', g'' die Risse P', P'' eines beliebigen Punktes P von g an, so können wir die Risse des aus P auf m gefällten Lotes PM und mit ihrer Hilfe die Risse des durch P und M bestimmten Breitenkreises c herstellen: Da m scheitelrecht steht, ist PM wagerecht, $M' \equiv S'$ und M'' der Schnittpunkt von m'' mit der durch P'' gelegten Wagerechten; da die Ebene von c wagerecht liegt, ist c' der um M' mit dem Radius $M'P'$ geschlagene Kreis und c'' die wagerechte Strecke, deren Mitte M'' und deren Länge gleich $2 \cdot M'P'$ ist. Indem wir nun c als Leitkreis der geraden Kreiskegelfläche benützen, tragen wir ihre Risse nach Nr. 206 ein.

Aufgabe: *Gegeben* sind die Risse zweier Geraden m und g, die einander schneiden und deren Ebene zu einer Rißtafel senkrecht steht. *Gesucht* sind die Risse der geraden Kreiskegelfläche, deren Mittellinie m ist und der g als Erzeugende angehört.

Ist z. B. die Ebene von m und g zu der Grundrißtafel senkrecht $(m' \equiv g')$, so führen wir eine zu ihr parallele Seitenrißtafel ein wie in Fig. 60, wo sowohl die Gerade a als auch die Gerade b anstelle von m genommen werden kann. Zu dieser Seitenrißtafel ist das Lot PM, das aus einem beliebig auf g gewählten Punkt P auf m gefällt wird, parallel; deshalb erhalten wir M''' so, daß $P'''M''' \perp m'''$, und können

daraus M' und M'' ableiten, während zugleich $M''''P''''$ die wahre Länge
von MP liefert. Dann ist der durch P und m bestimmte Breitenkreis c
der geraden Kreiskegelfläche so gegeben, daß wir seine Risse unmittelbar nach Nr. 178 und Nr. 179 herstellen können. Aus c als Leitkreis
und aus dem Schnittpunkt S von m und g als Scheitel folgen endlich
wiederum nach Nr. 206 die Risse der Kreiskegelfläche selbst.

Die gerade Kreiskegelfläche als Drehfläche.

210. Sind S der Scheitel, m die Mittellinie und c ein Breitenkreis
einer geraden Kreiskegelfläche und ist M der Mittelpunkt von c, so
bildet ein beliebiger Punkt P von c mit S und M ein bei M rechtwinkeliges Dreieck. In diesem behalten, wenn wir P auf c verschieben, die
Seiten MP und MS und folglich auch der Winkel MSP ihre Größen
unverändert. Also bilden alle Erzeugenden mit der Mittellinie m denselben spitzen Winkel — *den halben Öffnungswinkel der geraden Kreiskegelfläche* — und können aufgefaßt werden als die verschiedenen Lagen
einer Geraden g, die in S mit m jenen Winkel einschließt und um die
Achse m gedreht wird (Nr. 108). Deshalb sagen wir (vgl. Nr. 261):

*Die gerade Kreiskegelfläche ist eine Drehfläche, deren Drehachse ihre
Mittellinie ist.*

Bei der Drehung beschreiben die einzelnen Punkte von g Kreise,
die nach Nr. 108 und Nr. 209 die Breitenkreise der geraden Kreiskegelfläche sind. Da dabei der gegenseitige Abstand irgend zweier Punkte
von g nicht geändert wird, gilt der Satz:

*Die Erzeugenden einer geraden Kreiskegelfläche tragen gleich lange
Strecken sowohl zwischen dem Scheitel und einem beliebigen Breitenkreise
als auch zwischen je zwei Breitenkreisen.*

Wir kehren wieder zurück zu der Figur, von der wir ausgingen, und
ziehen in der Ebene MPS durch P die Senkrechte zu PS, die der Mittellinie $m \equiv MS$ in O begegne. Wenn wir P auf c verschieben, behalten
in dem Dreieck OPS die Seite PS und die anliegenden Winkel und folglich auch die Seiten OS und OP ihre Größen. Deshalb bleibt O auf m
fest und liegt P stets auf der Kugel, die O zum Mittelpunkt und OP
zum Halbmesser hat. c ist also ein Kreis dieser Kugel. Die zu P gehörige Tangente t von c steht auf MP und — als Gerade der Ebene
von c — auch auf m senkrecht, folglich auch auf der Ebene MPS und
auf OP. Mithin ist der Kugelradius OP ein Lot der durch PS und t
bestimmten Ebene und diese Ebene einerseits die zu der Erzeugenden
PS gehörige Tangentialebene der geraden Kreiskegelfläche (Nr. 201)
und andererseits die zu P gehörige Tangentialebene der Kugel (Nr. 192).
Dieses Ergebnis bleibt unverändert, wenn wir P auf c verschieben.
Wenn aber zwei Flächen in einem gemeinsamen Punkt dieselbe Tangentialebene besitzen, so sagen wir, daß sie sich in dem Punkt berühren;
also erhalten wir den Satz:

*Zu jedem Breitenkreis einer geraden Kreiskegelfläche gibt es eine Kugel,
die längs desselben die Kegelfläche berührt.*

Umgekehrt können wir die Erzeugenden der Kegelfläche als diejenigen Tangenten der Kugel auffassen, die durch den Punkt S gehen, und kommen dadurch zu dem Satz:

Die Tangenten einer Kugel, die durch einen Punkt S gehen, bilden eine gerade Kreiskegelfläche, deren Mittellinie S mit dem Kugelmittelpunkt verbindet. Die Berührungspunkte liegen auf einem Breitenkreise und besitzen sämtlich dieselbe Entfernung von S.

211. Infolge ihrer Eigenschaft als Drehfläche besitzt die gerade Kreiskegelfläche zahlreiche Anwendungen. Insbesondere tritt dabei *der gerade Kegelstumpf* auf, d. h. der Körper, der übrig bleibt, wenn von einem geraden Kreiskegel durch eine, zu seiner Leitkreisebene parallele Ebene der Scheitel abgeschnitten wird. Wir knüpfen zunächst an die Aufgabe von Nr. 206 an mit der

Aufgabe: *Gegeben* sind für einen geraden Kegelstumpf die Höhe p, der Halbmesser r des Leitkreises k und die Risse des Kegelscheitels S sowie des Mittelpunktes M von k. *Gefordert* ist die Konstruktion der Risse des Kegelstumpfes.

Zu ihrer Lösung stellen wir, wie in Nr. 206 und an Fig. 59 gezeigt worden ist, zuerst die Risse des geraden Kreiskegels her, der durch S und k bestimmt ist. Darauf legen wir im Seitenriß den Punkt N''' so auf die Strecke $M'''S'''$, daß $M'''N''' = p$ ist, und leiten aus N''' die Risse N'

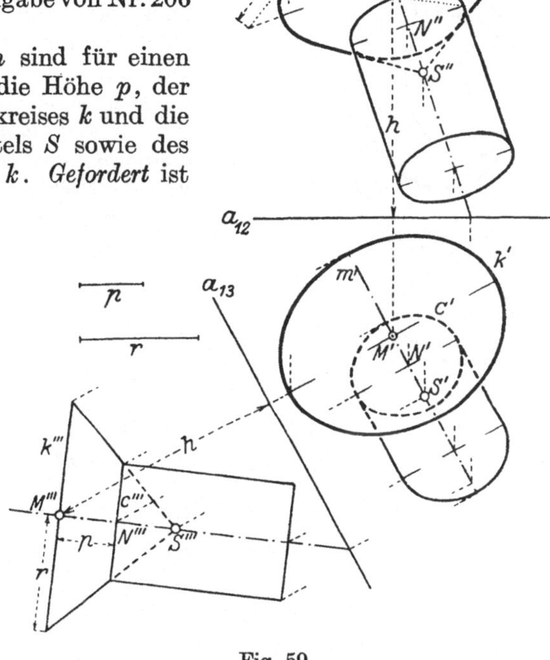

Fig. 59.

und N'' ab. Ziehen wir nun durch N''' die Senkrechte zu $m''' \equiv M'''S'''$, so ist sie der Seitenriß einer Ebene Δ, die im Abstand p zu der Leitkreisebene parallel ist, und trägt, abgegrenzt durch den scheinbaren Umriß des Kreiskegels, den Seitenriß c''' des Kreises c, den Δ und die Kreiskegelfläche gemeinsam haben. Die anderen beiden Risse von c sind wie k' und k'' zu konstruieren; jedoch kann die kleine Achse von c'' aus der großen Achse einfacher dadurch gefunden werden, daß auf Grund des ersten Satzes von Nr. 174 die Verbindungsgeraden gleichliegender Scheitel von k'' und c'' parallel sein müssen. Da c' und c'' gegen S' und S'' dieselbe Lage wie k' und k'' haben, bestehen in Fig. 59 die scheinbaren Umrisse des Kegelstumpfes für den Seitenriß aus dem durch k''' und c''' bestimmten Trapez, für den Grundriß aus k' allein und für den Aufriß aus Bögen der Ellipsen k'' und c'' und aus Stücken der ihnen gemeinsamen, durch S'' laufenden Tangenten. Die Sichtbarkeit in Grund- und Aufriß ist leicht schon aus der Vorstellung der Lage der Mittellinie m zu erkennen.

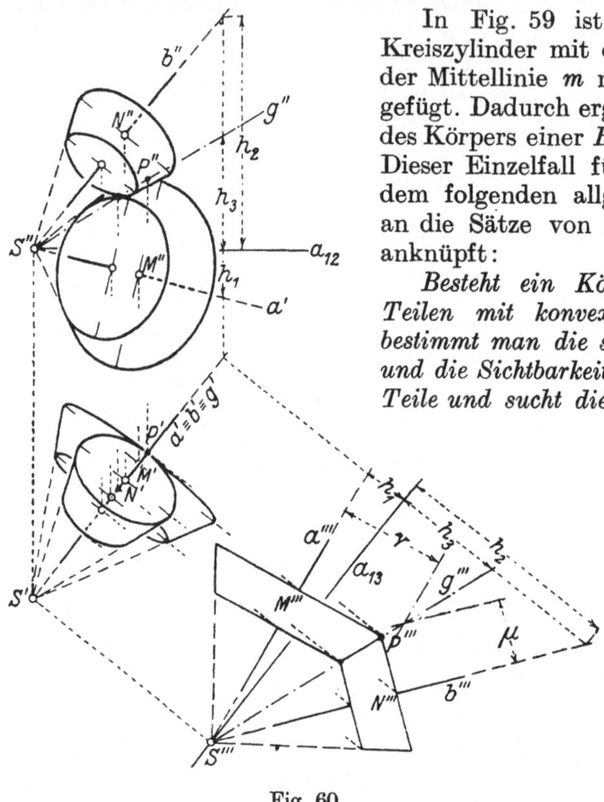

Fig. 60.

In Fig. 59 ist noch ein gerader Kreiszylinder mit dem Leitkreis c und der Mittellinie m nach Nr. 188 hinzugefügt. Dadurch ergeben sich die Risse des Körpers einer *Befestigungsschraube*. Dieser Einzelfall führt uns sofort zu dem folgenden allgemeinen Satz, der an die Sätze von Nr. 18 und Nr. 188 anknüpft:

Besteht ein Körper aus mehreren Teilen mit konvexen Oberflächen, so bestimmt man die scheinbaren Umrisse und die Sichtbarkeit für seine einzelnen Teile und sucht die Stücke dieser Umrisse auf, die jeweils durch andere Teile des Körpers verdeckt werden. Die nicht verdeckten Stücke setzen den scheinbaren Umriß des gesamten Körpers zusammen.

212. Eine andere Anwendung bilden die *Kegelräder*. Sie übertragen die Drehung einer Welle auf eine andere, die — wir denken uns die Wellen durch ihre Mittellinien ersetzt — die erste in einem Punkt S schneidet, und sind Stümpfe zweier geraden Kreiskegel, die S zum Scheitel und die beiden Wellen zu Mittellinien haben und sich längs einer gemeinsamen Erzeugenden berühren. Sind z. B. in Fig. 60 die beiden Wellen durch die Risse der Geraden a, b so gegeben, daß sie in einer scheitelrechten Ebene liegen, so führen wir eine zu dieser Ebene parallele Seitenrißtafel ein und bestimmen in dieser, nach ihrer Umlegung in die Grundrißtafel, die Risse S'''', a''', b''' von S, a, b . Durch S'''' legen wir dann — in einer nachher zu erörternden Weise — eine Gerade g''' und suchen den Aufriß der Geraden g, für die $g' \equiv a' \equiv b'$ ist. Hierauf zeichnen wir nach der zweiten Aufgabe von Nr. 209 die Risse der beiden geraden Kreiskegel, denen g als Erzeugende angehört und die a und b zu Mittellinien haben. Da im Seitenriß g''' zum scheinbaren Umriß beider Kegelflächen gehört, haben diese längs g dieselbe, zur Seitenrißtafel senkrechte Tangentialebene; sie berühren somit einander und können zu Kegelstümpfen abgeschnitten werden, die für Kegelräder geeignet sind.

Sollen die Winkelgeschwindigkeiten der Wellen a und b das Verhältnis $\mu : \nu$ haben, so muß $r_1 : r_2 = \nu : \mu$ sein. Also ist g''' durch den Schnittpunkt zweier Geraden zu legen, von denen die eine zu a''', die andere zu b''' parallel läuft und deren Abstände von a''' und b''' das Verhältnis $\nu : \mu$ besitzen; in Fig. 60 ist $\nu = 5$, $\mu = 3$. Ferner wird zweckmäßig der Punkt P''', der nach Nr. 209 auf g''' anzunehmen ist, sogleich so gewählt, daß die aus ihm auf a''' und b''' gefällten Lote $P'''M'''$ und $P'''N'''$ die Halbmesser von Grenzkreisen der Kegelräder sind.

II. Die Ellipse als Kegelschnitt.

Die Kegelschnitte.

213. Eine Kreiskegelfläche wird durch eine Ebene E, die nicht durch ihren Scheitel S geht, in einer Kurve geschnitten, die wir einen *Kegelschnitt* nennen. *Wir unterscheiden Kegelschnitte erster, zweiter, dritter Art, je nachdem die Ebene* Φ, *die zu* E *parallel durch* S *läuft, keine, eine oder zwei Erzeugende der Kreiskegelfläche enthält* (vgl. den ersten Satz von Nr. 202) Diese drei Fälle werden durch Fig. 65, Fig. 74 und Fig. 80 veranschaulicht: Die Leitkreisebenen der Kegelflächen stehen auf der Aufrißtafel senkrecht; ebenso auch die Ebenen E und Φ, so daß sie im Aufriß vollständig durch ihre Spuren e_2 und f_2 dargestellt werden. Für die Aufrisse der Kegelschnitte treten die drei Fälle ein, die bereits gelegentlich des dritten Satzes von Nr. 205 unterschieden wurden.

Wir können also aus den Aufrissen der Figuren ohne weiteres das Verhalten von E und Φ gegen die Kreiskegelfläche ablesen und Schlüsse auf die Gestalten der Kegelschnitte ziehen. Im ersten Fall (Fig. 65) trennt Φ die beiden Mäntel der Fläche, so daß E nur den einen von ihnen durchsetzen kann. Da dabei E zu keiner Erzeugenden parallel ist, sondern sie sämtlich trifft, folgt der Satz:

Der Kegelschnitt erster Art ist ein geschlossenes Oval, das um den einen Kegelmantel herumläuft.

Hierzu gehört der in Nr. 207 behandelte Sonderfall, daß E zu der Leitkreisebene parallel und der Kegelschnitt ein Kreis ist. Im zweiten

Fall (Fig. 74) ist (nach Nr. 202) Φ die zu einer Erzeugenden v gehörige Tangentialebene der Kreiskegelfläche und trennt ebenfalls die beiden Mäntel. Deshalb durchsetzt die Ebene E auch jetzt nur den einen Mantel und begegnet auf ihm — mit Ausnahme der zu ihr parallelen Erzeugenden v — allen Erzeugenden. Ist nun u eine von v verschiedene Erzeugende und U ihr Schnittpunkt mit E, so werden durch u und v die sämtlichen Erzeugenden in zwei Gruppen und durch U der Kegelschnitt in zwei Bögen geteilt; während eine Erzeugende x sich in einer der beiden Gruppen von u nach v dreht, durchläuft ihr Schnittpunkt in E von U ausgehend den einen Bogen des Kegelschnittes und entfernt sich dabei schließlich immer weiter, je mehr x an v heranrückt. Deshalb folgt:

Der Kegelschnitt zweiter Art liegt auf dem einen Kegelmantel und ist ein Kurvenzug, der von jedem beliebigen seiner Punkte in zwei sich ins Unendliche erstreckende Bögen geteilt wird.

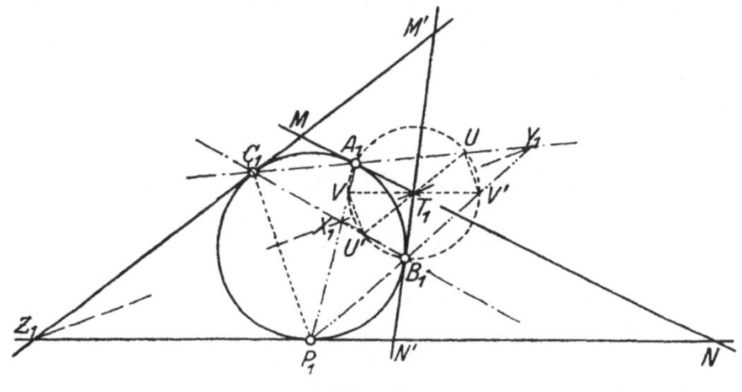

Fig. 61.

Im dritten Fall (Fig. 80) zerlegt Φ jeden der beiden Kegelmäntel in zwei Teile, so daß E beiden Mänteln begegnen muß und der Kegelschnitt dritter Art aus zwei getrennten Kurvenzügen oder „Ästen" besteht. Weil E den beiden in Φ enthaltenen Erzeugenden v_1 und v_2 parallel ist, teilen diese die Erzeugenden der Kreiskegelfläche in zwei Gruppen, deren jede in E einen der beiden Äste einzeichnet; von jedem Ast kann dasselbe gesagt werden, wie von dem ganzen Kegelschnitt zweiter Art. Also folgt:

Der Kegelschnitt dritter Art besteht aus zwei Ästen, deren jeder auf einem der beiden Kegelmäntel liegt und von jedem beliebigen seiner Punkte in zwei sich ins Unendliche erstreckende Bögen geteilt wird.

214. Handelt es sich um eine gerade Kreiskegelfläche, so kann man leicht feststellen, was für Kurven die drei Arten der Kegelschnitte sind. Es gibt dann nämlich im ersten und dritten Fall zwei Kugeln, die die gerade Kreiskegelfläche je längs eines Breitenkreises — c_1 und c_2 — und außerdem die Ebene E je in einem Punkt — F_1 und F_2 —

berühren; und zwar liegen im ersten Fall c_1 und c_2 auf demselben Kegelmantel, im dritten Fall auf verschiedenen Kegelmänteln. Auf Grund der Sätze von Nr. 210 nun haben die Abstände, die ein Punkt des Kegelschnittes von F_1 und F_2 besitzt, die konstante Länge der Strecken, die auf den Erzeugenden der Kegelfläche durch c_1 und c_2 begrenzt werden, im ersten Fall zur Summe, im dritten Fall zur Differenz. Deshalb ist auf der geraden Kreiskegelfläche der Kegelschnitt erster Art eine *Ellipse*, der Kegelschnitt dritter Art eine *Hyperbel* mit den Brennpunkten F_1 und F_2.

Im zweiten Fall aber gibt es nur eine Kugel, die die gerade Kreiskegelfläche längs eines Breitenkreises c und zugleich die Ebene E in einem Punkt F berührt, und es folgt — wieder auf Grund der Sätze von Nr. 210 —, daß die Abstände, die ein Punkt des Kegelschnittes von F und von der Schnittlinie l zwischen E und der Ebene von c besitzt, stets gleich sind. Also ist der Kegelschnitt zweiter Art eine *Parabel* mit dem Brennpunkt F und der Leitlinie l.

Aber wir wollen diese Beweise nicht im einzelnen durchführen, sondern die Untersuchung so gestalten, daß sie davon unabhängig ist, ob die Kreiskegelfläche gerade ist oder nicht. Dabei erhalten wir auch unmittelbar gerade die Eigenschaften der Kegelschnitte, die wir für ihre Herstellung und für die Konstruktion ihrer Risse am besten gebrauchen können.

Hilfssätze über den Kreis.

215. Zu diesem Zweck brauchen wir Eigenschaften des Kreises, die sich von dem Leitkreis einer Kreiskegelfläche auf alle ebenen Schnitte derselben übertragen lassen, und finden solche in folgender Weise:

Wir wählen in Fig. 61 auf einem Kreis vier Punkte A_1, B_1, C_1, P_1 und bestimmen den Schnittpunkt T_1 der zu A_1 und B_1 gehörigen Tangenten, den Schnittpunkt X_1 der Geraden A_1P_1 und B_1C_1, den Schnittpunkt Y_1 der Geraden B_1P_1 und A_1C_1 und den Schnittpunkt Z_1 der zu C_1 und P_1 gehörigen Tangenten des Kreises. Außerdem begegnen die Tangenten T_1A_1 und T_1B_1 der Tangente Z_1C_1 in M, M' und der Tangente Z_1P_1 in N, N'. Da die Strecken T_1A_1 und T_1B_1 gleich lang sind, gibt es einen durch A_1 und B_1 gehenden Kreis mit dem Mittelpunkt T_1; er trifft die Geraden A_1C_1, A_1P_1, B_1C_1, B_1P_1 der Reihe nach in U, V, U', V'.

Aus den beiden gleichschenkeligen Dreiecken MA_1C_1 und T_1A_1U, deren bei A_1 liegende Basiswinkel gleich sind, folgt, daß auch $\sphericalangle\, MC_1A_1 = \sphericalangle\, T_1UA_1$ und somit

$$T_1U \parallel Z_1C_1$$

ist. In derselben Weise zeigen

$$\triangle\, NA_1P_1 \text{ und } \triangle\, T_1A_1V, \text{ daß } T_1V \parallel Z_1P_1,$$
$$\triangle\, M'B_1C_1 \text{ und } \triangle\, T_1B_1U', \text{ daß } T_1U' \parallel Z_1C_1,$$
$$\triangle\, N'B_1P_1 \text{ und } \triangle\, T_1B_1V', \text{ daß } T_1V' \parallel Z_1P_1$$

ist. Also gehören T_1, U, U' und T_1, V, V' zwei Geraden an, die zu $Z_1 C_1$ und zu $Z_1 P_1$ parallel sind. Hieraus aber folgt für die drei gleichschenkeligen Dreiecke $T_1 U V'$, $T_1 U' V$, $Z_1 C_1 P_1$, daß sie gleiche Winkel bei T_1 und bei Z_1 besitzen; sie sind einander ähnlich und so gelegen, daß auch ihre dritten Seiten $U V'$, $U' V$, $P_1 C_1$ einander parallel sind. Mit anderen Worten:

Sowohl die beiden Dreiecke $T_1 U V'$ und $Z_1 C_1 P_1$ als auch die beiden Dreiecke $T_1 U' V$ und $Z_1 C_1 P_1$ sind „ähnlich in ähnlicher Lage".

Bei zwei Dreiecken dieser Art ordnen sich die Eckpunkte zu je zweien auf drei Geraden, die entweder durch einen Punkt laufen oder einander parallel sind. In unserer Figur sind dies das eine Mal die Geraden $T_1 Z_1$, $U C_1$, $V' P_1$ und das andere Mal die Geraden $T_1 Z_1$, $U' C_1$, $V P_1$. Da nun $U C_1 \equiv A_1 C_1$ und $V' P_1 \equiv B_1 P_1$ sich in Y_1, $U' C_1 \equiv B_1 C_1$ und $V P_1 \equiv A_1 P_1$ sich in X_1 treffen, geht $T_1 Z_1$ sowohl durch X_1 als auch durch Y_1. Deshalb gilt der Satz:

Sind A_1, B_1, C_1, P_1 vier Punkte eines Kreises, so liegen der Schnittpunkt T_1 der zu A_1 und B_1 gehörigen Tangenten, der Schnittpunkt X_1 der Geraden $A_1 P_1$ und $B_1 C_1$, der Schnittpunkt Y_1 der Geraden $B_1 P_1$ und $A_1 C_1$ und der Schnittpunkt Z_1 der zu C_1 und P_1 gehörigen Tangenten stets in einer Geraden.

216. Der Beweisgang dieses Satzes ändert sich nicht wesentlich, wenn einer der Punkte M, M', N, N' dadurch fortfällt, daß die beiden Geraden, als deren Schnittpunkt er im allgemeinen auftritt, parallel sind. Ist z. B. $A_1 P_1$ eine Durchmessersehne des Kreises und folglich $T_1 A_1 \perp A_1 P_1$ und $T_1 A_1 \parallel Z_1 P_1$, so fällt V mit A_1 zusammen und braucht nicht erst bewiesen zu werden, daß $T_1 V \parallel Z_1 P_1$ ist.

Jedoch können die vier Punkte A_1, B_1, C_1, P_1 auf dem Kreise auch so angeordnet sein, daß unser Satz eine andere Gestalt bekommt. Dies ist der Fall, sobald die beiden Geraden parallel sind, als deren Schnittpunkt sich entweder T_1 oder X_1 oder Y_1 oder Z_1 ergeben sollte. Ist $A_1 C_1 \parallel B_1 P_1$, so bleiben alle Eigenschaften der Fig. 61 erhalten mit der Ausnahme, daß Y_1 fehlt und daß von den drei Geraden $T_1 Z_1$, $U C_1 \equiv A_1 C_1$, $V' P_1 \equiv B_1 P_1$, die entweder in einem Punkt zusammentreffen oder parallel sein müssen, die zweite und dritte als parallel bekannt sind; $T_1 Z_1$ geht also erstens — genau wie früher — durch X_1 und ist zweitens zu $A_1 C_1$ und $B_1 P_1$ parallel. Ist $A_1 P_1 \parallel B_1 C_1$, so fehlt X_1 und folgt in ähnlicher Weise, daß $T_1 Z_1$ durch Y_1 geht und zu $A_1 P_1$ und $B_1 C_1$ parallel ist.

Fehlt der Punkt Z_1, weil $C_1 P_1$ eine Durchmessersehne des Kreises ist, so tritt die Fig. 62 an die Stelle der Fig. 61. Wir schließen genau wie in Nr. 215, daß T_1, U, U' und T_1, V, V' in zwei Geraden liegen, die zu den Tangenten von C_1 und von P_1 parallel sind; aber, da diese Tangenten jetzt einander parallel sind, müssen die beiden Geraden sich vereinigen, und das ist nur dadurch möglich, daß $U' \equiv V \equiv X_1$ und $U \equiv V' \equiv Y_1$. Also liegen auch in diesem Fall T_1, X_1, Y_1 in einer Geraden, die, wie sich noch obendrein ergibt, zu den Tangenten von C_1 und P_1 parallel ist.

Sind endlich A_1 und B_1 die Endpunkte einer Durchmessersehne des Kreises, so fehlt T_1; dann nehmen wir den Kreis um Z_1 zu Hilfe, der durch C_1 und P_1 geht, und erhalten genau Fig. 62, wenn wir darin A_1 mit C_1, B_1 mit P_1 vertauschen und T_1 durch Z_1 ersetzen. Deshalb schließen wir, ebenso wie oben, daß die Punkte X_1, Y_1 in einer Geraden liegen, die jenen beiden Tangenten parallel sind. Mithin können wir dem Satz von Nr. 215 den folgenden Zusatz hinzufügen:

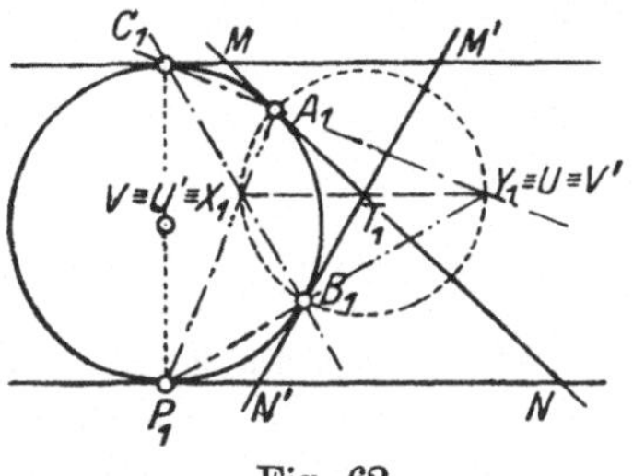
Fig. 62.

Wenn einer der vier Punkte T_1, X_1, Y_1, Z_1 dadurch verschwindet, daß die beiden, ihn als ihren Schnittpunkt bestimmenden Geraden parallel sind, so ändert sich der Satz von Nr. 215 insofern, als die Verbindungsgerade der anderen drei Punkte jenen beiden Geraden parallel läuft.

217. Nehmen wir nur die Punkte A_1, B_1, C_1 auf dem Kreise an und legen durch den Schnittpunkt T_1 der zu A_1 und B_1 gehörigen Tangenten eine beliebige Gerade, die B_1C_1 in X_1 und A_1C_1 in Y_1 begegnet, so ergibt sich ein bestimmter Punkt P_1 als Schnittpunkt von A_1X_1 und B_1Y_1; aber wir wissen zunächst nicht, ob P_1 auf den Kreis fällt. Trifft nun der Kreis die Gerade $A_1X_1 \equiv A_1P_1$ außer in A_1 noch in P', so liegt nach dem Satz von Nr. 215 der Schnittpunkt Y' von B_1P' und A_1C_1 auf der Geraden, die T_1 mit dem Schnittpunkt X_1 von $A_1P' \equiv A_1P_1$ und B_1C_1 verbindet, und stimmt deshalb überein mit dem Punkt Y_1, in dem sich T_1X_1, A_1C_1 und B_1P_1 begegnen. Also fallen $B_1Y' \equiv B_1P'$ und $B_1Y_1 \equiv B_1P_1$ zusammen und, da $A_1P' \equiv A_1P_1$, auch P' und P_1. Hiermit erhalten wir die folgende Umkehrung des Satzes von Nr. 215:

Sind A_1, B_1, C_1 drei Punkte eines Kreises und begegnet eine Gerade, die beliebig durch den Schnittpunkt T_1 der zu A_1 und B_1 gehörigen Tangenten gezogen ist, den Geraden B_1C_1 und A_1C_1 in X_1 und Y_1, so ist der Schnittpunkt P_1 von A_1X_1 und B_1Y_1 stets ein Punkt des Kreises.

Auch hier ist die in Nr. 216 gemachte Bemerkung sinngemäß zu wiederholen. Insbesondere ergibt sich, wenn A_1B_1 eine Durchmessersehne ist und somit T_1 fehlt, ein wichtiger Sonderfall:

Sind A_1, B_1, C_1 die Endpunkte einer Durchmessersehne und ein weiterer Punkt eines Kreises und begegnet eine zu A_1B_1 gezogene Senkrechte den Geraden B_1C_1 und A_1C_1 in X_1 und Y_1, so ist der Schnittpunkt P_1 von A_1X_1 und B_1Y_1 stets ein Punkt des Kreises.

Aus diesen beiden Sätzen nun leiten wir Eigenschaften der Kegelschnitte dadurch ab, daß wir die Figur des einen von ihnen für den

Leitkreis der Kegelfläche herstellen, alle ihre Punkte mit dem Kegelscheitel S durch Geraden verbinden und diese mit der Ebene E des
Kegelschnittes schneiden. Dadurch erhalten wir in E eine Figur mit
ähnlichen Eigenschaften, die zur Konstruktion von beliebig vielen
Punkten des Kegelschnittes führt. Und zwar ist es möglich, *dieser Figur
für jede der drei Arten der Kegelschnitte eine besondere, charakteristische
Gestalt dadurch zu geben, daß wir bei jeder Art die Punkte A_1, B_1, C_1 auf
dem Leitkreis in einer ihr eigentümlichen Weise anordnen.*

Der Kegelschnitt erster Art.

218. Trägt die Ebene E einen Kegelschnitt erster Art, k, schneidet
also die Ebene Φ, die zu ihr parallel durch den Kegelscheitel S geht,
die Kreiskegelfläche nicht, so verläuft [Fig. 63[1])] die Spurlinie f_1, die

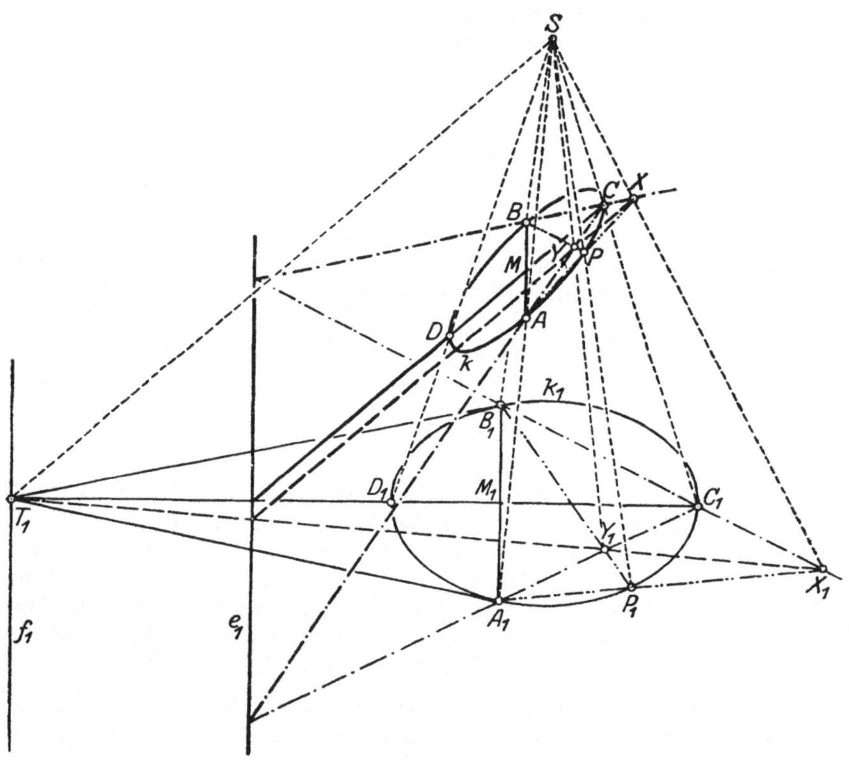

Fig. 63.

---

[1]) In Fig. 63 ist, da es allein auf die Veranschaulichung ankommt, nur ein
Riß des von E geschnittenen Kegelmantels in einer gegen den Beschauer gekippten
Stellung gezeichnet. Alle Linien der Leitkreisebene sind schwach; alle Linien
der Ebene E sind stark gezogen; die durch S laufenden Geraden sind fein ge-
strichelt. Sämtliche Flächen sind als durchsichtig behandelt und nur durch die
in ihnen liegenden Linien angedeutet.

Φ in die Ebene des Leitkreises k_1 einzeichnet, vollständig außerhalb von k_1 und wird von dem zu ihr senkrechten Durchmesser $C_1 D_1$ in einem Punkt T_1 getroffen, von dem sich zwei Tangenten $T_1 A_1$, $T_1 B_1$ an k_1 ziehen lassen. Die Punkte A_1, B_1, C_1, T_1 nun vervollständigen wir durch die Punkte X_1, Y_1, P_1 zu der Figur des ersten Satzes von Nr. 217 und fügen noch den Punkt M_1 hinzu, in dem die Durchmessersehne $C_1 D_1$ die zu ihr senkrechte Sehne $A_1 B_1$ hälftet. Dann schneiden die fünf Erzeugenden SA_1, SB_1, SC_1, SD_1, SP_1 der Kreiskegelfläche und die Geraden SX_1, SY_1, SM_1 die Ebene E in den Punkten A, B, C, D, P, X, Y, M, die folgende Eigenschaften besitzen:

Die Punkte A, B, C, D, P gehören dem Kegelschnitt k an.

Weil A_1, C_1, Y_1 in einer Geraden liegen, sind SA_1, SC_1, SY_1 in einer Ebene und folglich A, C, Y in der Geraden enthalten, die diese Ebene in E einzeichnet. Ebenso liegen die Punkte B, C, X, die Punkte A, P, X, die Punkte B, P, Y, die Punkte A, B, M und die Punkte C, D, M in geraden Linien.

Die Geraden AB, $A_1 B_1$ und e_1 sind die Schnittlinien der Leitkreisebene, der Ebene E und der Ebene $SA_1 B_1$. Also muß, da $A_1 B_1 \parallel f_1$, $e_1 \parallel f_1$ und somit $A_1 B_1 \parallel e_1$ ist, auch $AB \parallel A_1 B_1 \parallel e_1$ sein. Hiermit aber folgt aus der Gleichheit der Strecken $A_1 M_1$ und $B_1 M_1$, daß $AM = BM$.

Da T_1 auf f_1 liegt, ist die Gerade ST_1 in Φ enthalten und zu E parallel; deshalb zeichnen die durch ST_1 gehenden Ebenen $SC_1 D_1$ und $SX_1 Y_1$ in E die untereinander parallelen Geraden CD und XY ein.

In E entsteht also eine Figur, die große Ähnlichkeit mit derjenigen des zweiten Satzes von Nr. 217 besitzt. Wir fassen unser Ergebnis folgendermaßen zusammen:

Wird eine Kreiskegelfläche, deren Scheitel S und deren Leitkreis k_1 ist, durch eine Ebene E in einem Kegelschnitt erster Art geschnitten, so ziehe man in der Ebene von k_1 die Spurlinie f_1 der Ebene Φ, die zu E parallel durch S läuft, schneide f_1 in T_1 mit dem zu f_1 senkrechten Durchmesser $C_1 D_1$ von k_1, suche die Berührungspunkte A_1, B_1 der durch T_1 gehenden Tangenten von k_1 und bestimme die Punkte A, B, C, D, in denen E von den Erzeugenden SA_1, SB_1, SC_1, SD_1 der Kreiskegelfläche getroffen wird. Dann wird die Sehne AB des Kegelschnittes durch die Sehne CD gehälftet; und, wenn eine beliebige zu CD parallele Gerade den Geraden BC und AC in X und Y begegnet, so ist der Schnittpunkt P von AX und BY stets ein Punkt des Kegelschnittes.

219. Wir denken uns nun die Ebene E mit dieser Figur aus der Verbindung mit der Kreiskegelfläche gelöst und stellen (Fig. 64) den Zusammenhang der Figur mit der ihr verwandten des zweiten Satzes von Nr. 217 folgendermaßen her: Vom Schnittpunkt M der Strecken AB und CD tragen wir die Strecke MC^* so an, daß $MC^* \perp AB$ und $MC^* = MA = MB$ ist. Dann wird nach Nr. 123 durch die Gerade AB als Affinitätsachse und durch das Paar zugeordneter Punkte C, C^*

eine Affinität bestimmt. In ihr entsprechen den Punkten A, B, M die mit ihnen zusammenfallenden Punkte A^*, B^*, M^*; ferner, weil $XY \parallel MC$

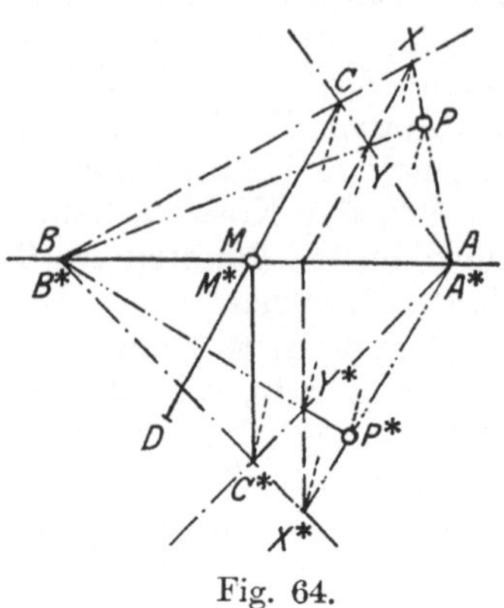

ist, den Punkten X, Y die Schnittpunkte X^*, Y^* von B^*C^* und A^*C^* mit einer zu M^*C^* parallelen, also zu AB senkrechten Geraden; endlich dem Punkt P der Schnittpunkt P^* von A^*X^* und B^*Y^*. Nach dem zweiten Satz von Nr. 217 liegt P^* auf dem Kreis k^*, dessen Durchmessersehne die Strecke $A^*B^* \equiv AB$ ist und der durch C^* geht.

Wenn wir in dieser Weise zu jedem Punkt P des Kegelschnittes k den durch die Affinität zugeordneten Punkt P^* aufsuchen, erhalten wir nur Punkte von k^* und erkennen hieraus, daß

Fig. 64.

k und k^* affine Kurven sind. Folglich ist k eine Ellipse, für die — entsprechend den rechtwinkeligen Halbmessern M^*A^*, M^*C^* von k^* — MA, MC zwei konjugierte Halbmesser, AB und CD also zwei konjugierte Durchmessersehnen sind. Mithin ist M auch die Mitte von CD; vor allem aber ergibt sich der Satz:

Der Kegelschnitt erster Art ist eine Ellipse, für die nach Nr. 218 zwei konjugierte Durchmessersehnen AB, CD zu bestimmen sind.

220. Aufgabe: *Gegeben* sind die Risse des Scheitels S und, in der Grundrißtafel liegend, der Leitkreis k_1 einer Kreiskegelfläche; ferner die erste Spur e_1 einer Ebene E in der Art, daß k_1 und e_1 einander nicht begegnen. *Gefordert* wird die Wahl der zweiten Spur e_2 von E unter der Bedingung, daß E die Kreiskegelfläche in einer Ellipse schneidet, und die Konstruktion der Risse dieser Ellipse.

Der Aufriß des Leitkreises k_1 ist nach dem letzten Satz von Nr. 173 der in der Rißachse a_{12} liegende Aufriß $C_1''D_1''$ des zu a_{12} parallelen Durchmessers C_1D_1 von k_1. Deshalb bilden nach Nr. 205 in Fig. 65 die·Geraden $S''C_1''$, $S''D_1''$ den scheinbaren Umriß der Kreiskegelfläche in der Aufrißtafel, während in der Grundrißtafel ein solcher fehlt. Nach unten begrenzen wir die Kreiskegelfläche durch k_1 und nach oben durch den Schnittkreis mit einer — oberhalb von S liegenden — wagerechten Ebene; die Risse dieses Kreises sind in Fig. 65 nach Nr. 207 eingetragen.

Zunächst sei e_1 zu a_{12} senkrecht: Wir ziehen in beliebigem Abstande parallel zu e_1 und von k_1 durch e_1 getrennt eine Gerade f_1. Den Schnittpunkt zwischen f_1 und a_{12} verbinden wir mit S'' durch die Gerade f_2 und legen durch den Schnittpunkt zwischen e_1 und a_{12} die Gerade e_2 parallel zu f_2. Dann sind die Ebenen E mit den Spuren e_1, e_2 und Φ mit den Spuren f_1, f_2 einander parallel und zur Aufrißtafel senkrecht;

deshalb geht Φ durch S in einer solchen Lage, daß E aus der Kreiskegelfläche nach Nr. 213 einen Kegelschnitt erster Art ausschneidet.

Der Aufriß k'' dieser Ellipse k ist nach Nr. 205 die Strecke $C''D''$, die durch $S''C_1''$ und $S''D_1''$ auf e_2 abgegrenzt wird. Ihr Grundriß ist eine Ellipse k'; um für diese ein Paar konjugierter Durchmessersehnen $A'B'$, $C'D'$ zu bestimmen, führen wir — davon ausgehend, daß C_1D_1 der zu f_1 senkrechte Durchmesser von k_1 ist — die Vorschrift von Nr. 218 in Grund- und Aufriß so durch, wie es Fig. 65 ohne weiteres erkennen läßt. Hervorgehoben sei nur, daß in Übereinstimmung mit den Entwickelungen von Nr. 218 $A'B' \parallel e_1$ ist und A'', B'' in dem Mittelpunkt M'' der Strecke $C''D''$ vereinigt sind.

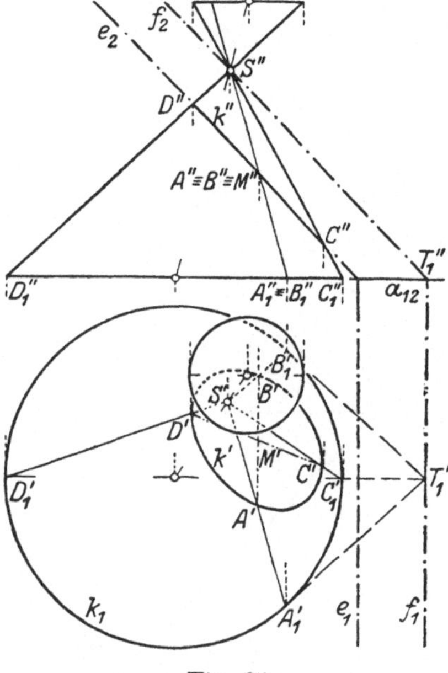
Fig. 65.

Wenn e_1 nicht zu a_{12} senkrecht ist, führen wir einen, an den Grundriß anschließenden Seitenriß ein, dessen Rißachse a_{13} auf e_1 senkrecht steht, konstruieren zunächst mit Grund- und Seitenriß, wie soeben angegeben wurde, und bestimmen hernach den Aufriß auf Grund von Nr. 38. Wir werden dies bei der verwandten Aufgabe in Nr. 221 und in Fig. 66 ausführen.

Die Ellipse auf dem geraden Kreiskegel.

221. Die Lösung der Aufgabe von Nr. 220 gestattet Abänderungen, die die Zeichnung etwas vereinfachen. Wir zeigen sie zugleich mit den Vereinfachungen, die bei einem geraden Kreiskegel auftreten, an der

Aufgabe: *Gegeben* sind in Fig. 66 die Risse eines geraden Kreiskegels, der auf der Grundrißtafel steht (vgl. Nr. 206), und in der letztgenannten eine schräg verlaufende Gerade e_1. *Gefordert* ist die Konstruktion der Risse einer Ellipse, die auf dem Kreiskegel liegt und deren Ebene E die erste Spur e_1 besitzt.

Zu ihrer Lösung nehmen wir einen, an den Grundriß anschließenden Seitenriß zu Hilfe, für den die Rißachse a_{13} senkrecht zu e_1 ist, und ziehen in ihm — was auf Grund der an Fig. 65 gemachten Beobachtung ohne weiteres geschehen kann — e_3 so, daß die Ebene E, deren erste und dritte Spur e_1 und e_3 sind, den Kegel in einer Ellipse k schneidet; e_2 tragen wir mit Hilfe eines Punktes P ein, für den wir P' auf a_{12}, P'''

auf e_3 annehmen und P'' nach Nr. 38 aufsuchen. Den zu e_1 senkrechten und zu a_{13} parallelen Durchmesser von k_1 nennen wir C_1D_1, so daß im Seitenriß $S'''C_1'''$, $S'''D_1'''$ den scheinbaren Umriß des Kegels bilden, und können dann mit Grund- und Seitenriß arbeiten, wie in Fig. 65 mit Grund- und Aufriß.

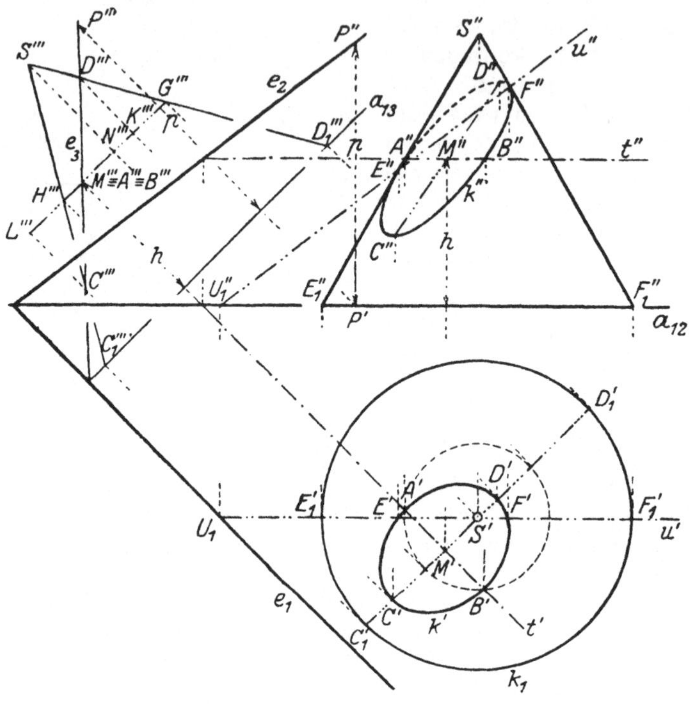

Fig. 66.

Läge in Fig. 65 ein gerader Kreiskegel vor, wäre also (Nr. 206) S' der Mittelpunkt von k_1, so fiele die Strecke $C'D'$ auf den Durchmesser C_1D_1; es wäre $C'D' \perp e_1$ und, da $A'B' \parallel e_1$, auch $C'D' \perp A'B'$, so daß wir unmittelbar die Achsen der Grundrißellipse k' erhielten. Dies ist nun der Fall in Fig. 66: C', D' werden in $C_1'D_1'$ eingezeichnet durch die Ordnungslinien [1, 3] der Punkte C''', D''', in denen e_3 von $S'''C_1'''$ und $S'''D_1'''$ getroffen wird. Die Mittelpunkte M', M''' der Strecken $C'D'$, $C'''D'''$ sind der erste und dritte Riß des Mittelpunktes M der Ellipse k, und in M'''' sind A''', B''' vereinigt. Da hiernach die Strecke AB der durch M laufenden ersten Hauptlinie t von E angehört und A, B die Schnittpunkte zwischen t und der Kreiskegelfläche sind, werden A', B' nach der zweiten Aufgabe von Nr. 207 gefunden. Dann kann k' unmittelbar nach Nr. 170 konstruiert werden.

Aus Grund- und Seitenriß ermitteln wir endlich nach Nr. 38 die Aufrisse M'', A'', B'', C'', D'', indem wir den Umstand benützen, daß

M'', A'', B'' auf der wagerechten Geraden t'' liegen, und stellen die Aufrißellipse k'' aus dem Paar konjugierter Durchmessersehnen $A''B''$, $C''D''$ (Nr. 170) her. Ist E_1F_1 der zu a_{12} parallele Durchmesser von k_1, so bilden $S''E_1''$, $S''F_1''$ den scheinbaren Umriß der Kegelfläche im Aufriß und werden von k'' in den Punkten E'', F'' berührt (Nr. 205), zu denen als Grundrisse die Schnittpunkte E', F' zwischen k' und $S'E_1'$, $S'F_1'$ gehören. E'', F'' können auch genau konstruiert werden; denn sie werden in $S''E_1''$, $S''F_1''$ eingezeichnet durch den Aufriß der Geraden $u \equiv EF$, die beim geraden Kreiskegel eine zweite Hauptlinie von E ist: es ist $u' \equiv E'F' \parallel a_{12}$ und $u'' \parallel e_2$.

222. Wir haben in Nr. 221 gefunden, daß AB auf einer ersten Hauptlinie t von E liegt und daß $C'D' \perp A'B'$ oder $C'D' \perp t'$ ist; deshalb ist CD eine Strecke einer ersten Fallinie von E, und zwar derjenigen, die der Mittellinie des Kegels begegnet. Die beiden konjugierten Durchmessersehnen AB, CD sind also im Falle eines geraden Kreiskegels die Achsen der Ellipse k . Wir können auch bestimmen, welche von ihnen die große Achse ist.

Die Gerade, die in Fig. 66 durch M'''' parallel zu a_{13} läuft, möge $S''''C_1''''$, $S''''D_1''''$ und die Ordnungslinien $C'C''''$, $D'D''''$, $S'S''''$ der Reihe nach in den Punkten H'''', G'''', L'''', K'''', N'''' schneiden. Dann ist die Strecke $G''''H''''$ der Seitenriß des Kreises, der in Nr. 221 nach der zweiten Aufgabe von Nr. 207 zur Aufsuchung von A', B' dient, und $N''''G'''' = N''''H''''$ sein Halbmesser:

$$N''''G'''' = N''''H'''' = S'A' = S'B'.$$

Ferner leuchtet sofort ein, daß

$$M''''L'''' = M'C' = M'D' = M''''K'''' \text{ und } C''''L'''' = D''''K''''.$$

Die rechtwinkeligen Dreiecke $D''''G''''K''''$ und $C''''H''''L''''$ haben außer den gleichen Katheten $D''''K''''$, $C''''L''''$ noch gleiche Winkel bei G'''' und H'''', weil Dreieck $G''''S''''H''''$ gleichschenkelig ist; sie sind also kongruent und zeigen, daß $G''''K'''' = H''''L''''$. Wenn wir nun von $G''''H''''$ die Strecke $G''''K''''$ fortnehmen und statt ihrer die ihr gleiche Strecke $H''''L''''$ hinzufügen, so erhalten wir $K''''L''''$ und erkennen, daß auch $G''''H'''' = K''''L''''$ oder $N''''G'''' = M''''L''''$ und folglich

$$S'A' = M''''L''''$$

ist. Da AB zu der Grundrißtafel und CD zu der Seitenrißtafel parallel sind, haben wir

$$MA = M'A' < S'A', \quad MC = M''''C'''' > M''''L''''$$

und somit

$$MA < MC .$$

Das heißt:

Eine Ellipse, die auf einem geraden Kreiskegel liegt, hat — die Leitkreisebene als Grundrißtafel gedacht — zur kleinen Achse eine Strecke einer ersten Hauptlinie ihrer Ebene und zur großen Achse eine Strecke der ersten Fallinie, die der Mittellinie des Kegels begegnet.

Von den Achsen $A'B', C'D'$ der Grundrißellipse k' ist die zweite stets die größere, weil $M'C' = M'''L''' = S'A'$ und $M'A' < S'A'$ ist. Daß heißt:

Wird eine Ellipse, die auf einem geraden Kreiskegel liegt, rechtwinkelig auf die Leitkreisebene projiziert, so trägt die große Achse der Bildellipse den Mittelpunkt des Leitkreises.

Setzen wir die Brennpunktseigenschaften der Ellipse als bewiesen voraus (vgl. Nr. 159), so dürfen wir aus $S'A' = M'C'$ schließen, daß der eine Brennpunkt nach S' fällt, und folglich unseren Satz dahin erweitern, *daß der Mittelpunkt des Leitkreises der eine Brennpunkt der Bildellipse ist.*

III. Die Parabel.

Der Kegelschnitt zweiter Art.

223. Indem wir nunmehr wieder an den Schluß von Nr. 217 anknüpfen, legen wir durch eine Kreiskegelfläche nach Nr. 213 eine Ebene E so hindurch, daß der entstehende Kegelschnitt k von der zweiten Art ist, daß also die Ebene Φ, die parallel zu E durch den Kegelscheitel S läuft, die Kegelfläche längs einer Erzeugenden berührt. Ist C_1 der Spurpunkt, den diese Erzeugende, und f_1 die Spurlinie, die Φ in die Ebene des Leitkreises k_1 einzeichnet, so ist f_1 die zu C_1 gehörige Tangente von k_1 (Nr. 201). Wir dürfen stets annehmen, daß E gerade den Kegelmantel durchsetzt, der k_1 trägt, und haben dann zwei Schnittpunkte A_1, B_1 zwischen k_1 und der Spurlinie e_1 von E.

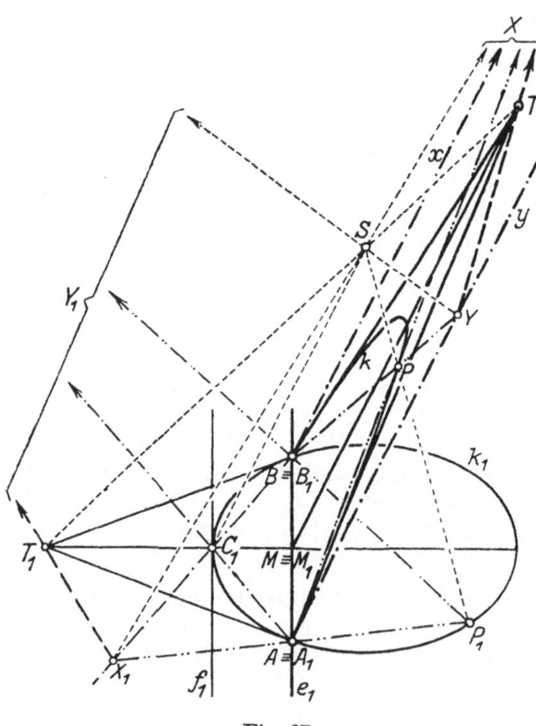

Fig. 67.

Diese Punkte A_1, B_1, C_1 legen wir jetzt nach dem letzten Absatz von Nr. 217 unserer Untersuchung in Fig. 67[1]) zugrunde.

---

[1]) Für Fig. 67 gilt das auf S. 16 von Fig. 63 Gesagte.

Da e_1 und f_1 parallel sind (Nr. 56), hälftet der durch C_1 bestimmte Durchmesser von k_1 die Sehne A_1B_1 in M_1 und trägt den Schnittpunkt T_1 der zu A_1 und B_1 gehörenden Tangenten. Diese Punkte vervollständigen wir durch die Punkte X_1, Y_1, P_1 zu der Figur des ersten Satzes von Nr. 217 und schneiden durch die Erzeugenden SA_1, SB_1 SP_1 der Kreiskegelfläche und durch die Geraden SM_1, ST_1, SX_1, SY_1 in E die Punkte $A \equiv A_1$, $B \equiv B_1$, P, $M \equiv M_1$, T, X, Y ein. Der Punkt C_1 aber führt, da SC_1 in Φ liegt und somit zu E parallel ist, nicht zu einem Punkt C; dafür zeichnen alle Ebenen, die durch SC_1 gehen, in E Geraden ein, die zu SC_1 und somit untereinander parallel sind. Deshalb besitzt die in E entstehende Figur die folgenden Eigenschaften:

Die Punkte A, B, P gehören dem Kegelschnitt k an. M ist die Mitte der Sehne AB.

Die Geraden AT und BT sind die zu A und B gehörigen Tangenten von k, weil sie in E durch die Ebenen ST_1A_1, ST_1B_1 eingezeichnet werden und diese die Kreiskegelfläche längs SA_1 und SB_1 berühren (Nr. 201).

Weil A_1, C_1, Y_1 in einer Geraden liegen, befinden sich SA_1 und SY_1 in einer durch SC_1 gehenden Ebene; diese zeichnet in E eine zu SC_1 parallele Gerade y ein, die A und Y trägt. Ebenso sind die Geraden $BX \equiv x$ und MT zu SC_1 parallel, so daß wir $x \parallel y \parallel MT$ haben.

Weil A_1, P_1, X_1 in einer Geraden liegen, sind SA_1, SP_1, SX_1 in einer Ebene und folglich A, P, X in der Geraden enthalten, die diese Ebene in E einzeichnet. Ebenso liegen die Punkte B, P, Y und die Punkte T, X, Y in geraden Linien.

Wir können also unser Ergebnis folgendermaßen zusammenfassen:

Wird eine Kreiskegelfläche, deren Scheitel S und deren Leitkreis k_1 ist, durch eine Ebene E in einem Kegelschnitt zweiter Art geschnitten, so bestimme man die Schnittpunkte A, B von k_1 mit der Spur e_1 von E, ferner die Mitte M von AB, sowie den Schnittpunkt T_1 der zu A und B gehörenden Tangenten von k_1 und den Schnittpunkt T zwischen E und der Geraden ST_1. Begegnen dann die Geraden x und y, die parallel zu MT durch B und A laufen, einer beliebig in E durch T gelegten Geraden in X und Y, so ist der Schnittpunkt P von AX und BY stets ein Punkt des Kegelschnittes.

Ist zufällig AB Durchmesser von k_1, so sind die zu A und B gehörigen Tangenten von k_1 parallel. *Also fehlt T_1; aber die zu SA und SB gehörigen Tangentialebenen schneiden sich in einer zu jenen Tangenten parallelen Geraden und diese zeichnet in E den Punkt T ein.* Wir haben also in der Ebene von k_1 die Figur des *zweiten* Satzes von Nr. 217 und in E dieselbe Figur wie im allgemeinen Falle.

Begriff der Parabel.

224. Lösen wir die Ebene E mit der in ihr liegenden Figur aus der Verbindung mit der Kreiskegelfläche, so können wir die drei Punkte A,

B, T als beliebig gegebene annehmen und aus ihnen in Fig. 68 beliebig viel Punkte P so konstruieren, wie es aus dem Schluß von Nr. 223 folgt. Dadurch erhalten wir unabhängig von der Kreiskegelfläche eine Kurve,

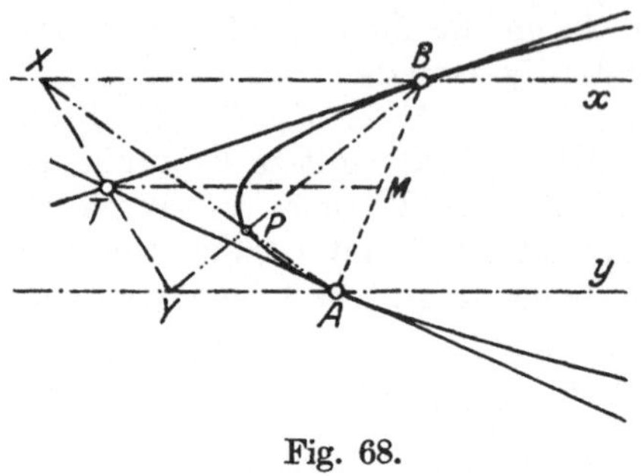

Fig. 68.

die — wie sich zeigen wird — in ihren Eigenschaften übereinstimmt mit einer sonst in ganz anderer Weise erzeugten Kurve, der *Parabel*. Infolgedessen führen wir den Namen bereits jetzt ein, jedoch ohne jene Eigenschaften als bekannt vorauszusetzen und nur mit der folgenden Begriffsbestimmung:

Unter einer Parabel $(AB; T)$ verstehen wir den Ort des Punktes P, in dem sich AX und BY schneiden, wenn eine beliebig durch T gelegte Gerade in X und Y den Geraden x und y begegnet, die parallel zu der Verbindungsgeraden zwischen T und der Mitte M von AB durch B und A laufen.

Hiernach können wir den Satz aussprechen:
Der Kegelschnitt zweiter Art ist eine Parabel.

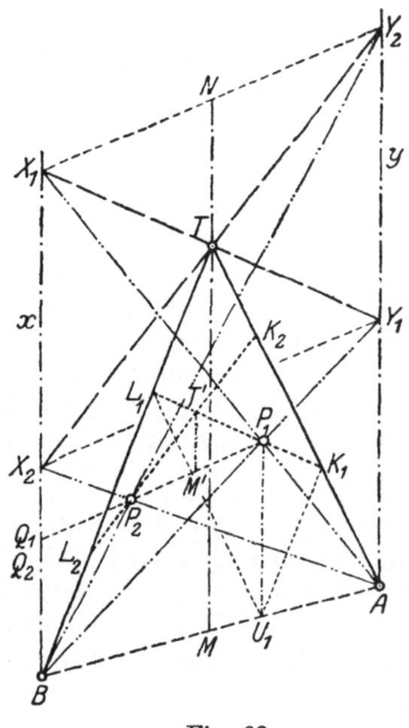

Fig. 69.

Aber wir dürfen ihn nicht ohne weiteres umkehren und lassen es dahingestellt, ob jede Parabel als Kegelschnitt zweiter Art auftreten kann. Vielmehr wollen wir die Eigenschaften der Parabel allein aus der soeben angegebenen Begriffsbestimmung ableiten.

225. Die Erzeugungsvorschrift von Nr. 224 lehrt, daß P die ganze Parabel $(AB; T)$ durchläuft, wenn wir die Gerade XY einmal um T herumdrehen. Nähert sich XY der Lage AT, so rücken die Punkte Y und P nach A und strebt die Sehne APX der Grenzlage AT zu. Deshalb geht die Parabel durch A und hat dort nach Nr. 141 AT als Tangente. Dasselbe gilt für B und BT. Also erhalten wir eine Eigenschaft, die wir in Nr. 223 für die als Kegelschnitt zweiter Art auftretende Par bel fanden, allgemein; nämlich:

Die Parabel $(AB; T)$ geht durch A und B und berührt daselbst die Geraden AT und BT.

Drehen wir die Gerade XY so um T, daß sie sich außerhalb des Dreiecks ABT von der Lage AT nach der Lage BT bewegt, so beschreibt P — wie aus Fig. 68 zu ersehen ist — einen sich von A nach B erstreckenden und in dem Dreieck ABT enthaltenen, endlichen Bogen. Drehen wir die Gerade XY von der Lage AT oder BT aus durch das Innere des Dreiecks ABT, so beschreibt P einen von A oder von B ausgehenden Bogen und entfernt sich immer weiter, je näher XY der Lage MT kommt. Also zerfällt die Parabel in den endlichen Bogen AB und in zwei unbegrenzte Bögen, die von A und B ausgehen. Alle Sätze, die wir ableiten werden, gelten für den ganzen Verlauf der Parabel; aber *wir werden unsere Beweise nur für den endlichen Bogen AB einrichten*, weil er allein für die meisten unserer Konstruktionen in Frage kommt, und werden die leichten Abänderungen übergehen, die für Punkte der anderen beiden Bögen notwendig sind.

Die Tangenten.

226. Wir konstruieren in Fig. 69 zwei Punkte P_1, P_2 des endlichen Bogens einer Parabel $(AB; T)$, indem wir durch T zwei beliebige, außerhalb des Dreiecks ABT verlaufende Geraden X_1Y_1, X_2Y_2 legen und die Schnittpunkte von AX_1, BY_1 und von AX_2, BY_2 bestimmen. Dann ist, weil

$$AM = BM \quad \text{und} \quad MT \parallel x \parallel y,$$

T der gemeinsame Mittelpunkt der Strecken X_1Y_1, X_2Y_2 und somit

$$X_1Y_2 \parallel X_2Y_1 .$$

Ferner ist

$$\triangle BP_1X_1 \sim \triangle Y_1P_1A, \quad \triangle BP_2X_2 \sim \triangle Y_2P_2A$$

und folglich

(1) $\qquad BP_1 : P_1Y_1 = BX_1 : AY_1, \quad BP_2 : P_2Y_2 = BX_2 : AY_2 .$

Ziehen wir nun durch P_1 und P_2 die Parallelen zu X_1Y_2, so können wir zunächst nicht behaupten, daß sie zusammenfallen, sondern müssen annehmen, daß sie der Geraden x in zwei verschiedenen Punkten Q_1, Q_2 begegnen. Da P_1 zwischen B und Y_1, P_2 zwischen B und Y_2 liegt, ist Q_1 ein Punkt der Strecke BX_2 und Q_2 ein Punkt der Strecke BX_1; deshalb ist

(2) $\qquad BQ_1 + Q_1X_2 = BX_2, \quad BQ_2 + Q_2X_1 = BX_1 .$

Ferner folgen die Verhältnisgleichungen

$$BQ_1 : Q_1X_2 = BP_1 : P_1Y_1, \quad BQ_2 : Q_2X_1 = BP_2 : P_2Y_2,$$

aus diesen mit Hilfe von (1)

$$BQ_1 : Q_1X_2 = BX_1 : AY_1, \quad BQ_2 : Q_2X_1 = BX_2 : AY_2$$

und hieraus wieder unter Hinzuziehung von (2)

(3) $BQ_1 : BX_2 = BX_1 : BX_1 + AY_1, \quad BQ_2 : BX_1 = BX_2 : BX_2 + AY_2 .$

Da MT sowohl in dem Trapez ABX_1Y_1 als auch in dem Trapez ABX_2Y_2 Mittellinie ist, haben wir

$$BX_1 + AY_1 = BX_2 + AY_2 = 2 \cdot MT$$

und können hiermit aus (3) folgern, daß

$$BQ_1 = BQ_2 .$$

Also fallen Q_1, Q_2 in einen Punkt und die beiden Parallelen Q_1P_1, Q_2P_2 in eine Gerade, die Gerade P_1P_2, zusammen. So finden wir

(4) $$P_1P_2 \parallel X_1Y_2 \parallel X_2Y_1 .$$

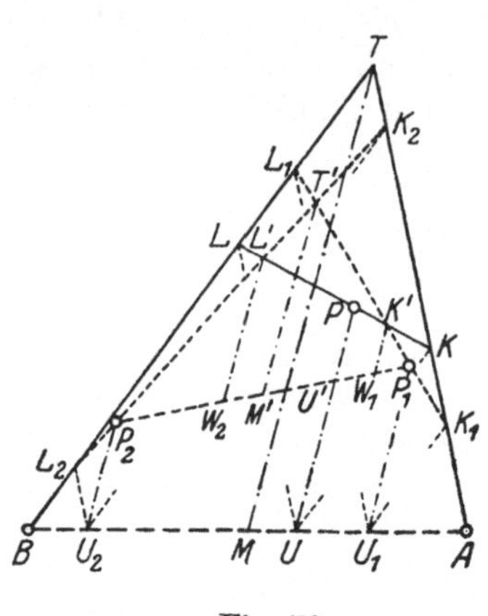

Fig. 70.

Wenn wir die Gerade X_1Y_1 und mit ihr den Punkt P_1 festhalten, hingegen die Gerade X_2Y_2 um T bis zur Vereinigung mit X_1Y_1 drehen, so bewegt sich P_2 auf der Parabel nach P_1. Gleichzeitig dreht sich die Gerade P_1P_2 um P_1 und strebt dabei einer Grenzlage zu, die nach Nr. 141 die Tangente der Parabel im Punkt P_1 ist. Während der ganzen Bewegung bleibt P_1P_2 zu X_1Y_2 und X_2Y_1 parallel; deshalb muß die Grenzlage von P_1P_2 den Grenzlagen von X_1Y_2 und X_2Y_1, d. h. der Geraden X_1Y_1, parallel sein. Also finden wir den Satz:

Die Tangente, die zu einem Punkt P einer Parabel $(AB; T)$ gehört, ist parallel zu der Geraden XY, aus der P nach der Erzeugungsvorschrift von Nr. 224 abgeleitet wird.

227. Wenn die zu P_1 gehörige Tangente in Fig. 69 von AT in K_1 und von BT in L_1 getroffen wird, so ist nach dem letzten Satz $K_1L_1 \parallel X_1Y_1$. Legen wir ferner noch durch P_1 die Parallele zu MT, x, y und schneiden sie mit AB in U_1, so ergeben sich die Verhältnisgleichungen

$$AK_1 : K_1T = AP_1 : P_1X_1, \quad AP_1 : P_1X_1 = AU_1 : U_1B;$$
$$TL_1 : L_1B = Y_1P_1 : P_1B, \quad Y_1P_1 : P_1B = AU_1 : U_1B .$$

Aus ihnen folgt, daß

(5) $$AK_1 : K_1T = TL_1 : L_1B = AU_1 : U_1B,$$

und hieraus, wenn wir U_1K_1 und U_1L_1 ziehen, daß

$$U_1K_1 \parallel BT, \quad U_1L_1 \parallel AT$$

ist. Dasselbe können wir für P_2 und für jeden anderen Punkt P der Parabel ableiten und erhalten so den Satz:

Von einer Parabel $(AB;T)$ kann man beliebig viele Punkte und Tangenten in folgender Weise konstruieren: Man hälftet AB in M, legt durch einen beliebigen Punkt U von AB die Parallelen zu BT, AT, MT und schneidet sie der Reihe nach mit AT in K, mit BT in L, mit KL in P. Dann ist P ein Punkt der Parabel und KL die zugehörige Tangente.

Die Durchmesser.

228. Nach dem Satz von Nr. 226 sind die Tangenten, die zu zwei Punkten P_1, P_2 der Parabel gehören, parallel den Geraden $X_1 Y_1$, $X_2 Y_2$, aus denen P_1, P_2 vermöge der Erzeugungsvorschrift von Nr. 224 abgeleitet werden. Außerdem ist nach (4) $P_1 P_2 \parallel X_1 Y_2$. Deshalb haben in Fig. 69 das Dreieck $P_1 P_2 T'$, dessen dritter Eckpunkt T' der Schnittpunkt der beiden Tangenten ist, und das Dreieck $X_1 Y_2 T$ paarweis parallele Seiten, so daß sie ähnlich in ähnlicher Lage sind. Schneiden wir die Gerade, die durch T' parallel zu MT läuft, mit $P_1 P_2$ in M' und MT mit $X_1 Y_1$ in N, so gilt dasselbe für die Dreiecke $P_1 T' M'$ und $X_1 T N$, sowie für die Dreiecke $P_2 T' M'$ und $Y_2 T N$. Deshalb ist

$$P_1 M' : X_1 N = M' T' : N T = M' P_2 : N Y_2 .$$

Da aber $AM = MB$ und $MN \parallel x \parallel y$ ist, haben wir $X_1 N = N Y_2$ und somit auch $P_1 M' = M' P_2$. Also ergibt sich der Satz:

Welche zwei Punkte P_1, P_2 einer Parabel man auch wählt, immer besitzt die Gerade, die den Schnittpunkt der zugehörigen Tangenten mit der Mitte der Strecke $P_1 P_2$ verbindet, dieselbe Richtung.

Die Geraden dieser Richtung, d. h. alle zu MT parallelen Geraden heißen *Durchmesser* der Parabel. Legen wir auch durch P_1 und P_2 die Durchmesser, so folgt aus dem letzten Satz, daß sie den Durchmesser $M' T'$ zur Mittelparallele haben. Deshalb dürfen wir sagen:

Legt man durch zwei Punkte einer Parabel und durch den Schnittpunkt der zugehörigen Tangenten die Durchmesser, so begrenzen sie auf jeder ihnen begegnenden Geraden zwei gleiche Strecken

229. Wir konstruieren in Fig. 70, ausgehend von drei aufeinanderfolgenden Punkten U_1, U, U_2[1]) der Strecke AB, nach Nr. 227 die Punkte P_1, P, P_2 der Parabel $(AB; T)$ nebst ihren Tangenten $K_1 L_1$, KL, $K_2 L_2$ und legen durch die Schnittpunkte K', T', L' derselben die Durchmesser, die $P_1 P_2$ in W_1, M', W_2 begegnen. Auch die Geraden $P_1 U_1$, PU, $P_2 U_2$ sind Durchmesser, und deshalb folgen, wenn PU die Gerade $P_1 P_2$ in U' trifft, aus dem letzten Satz von Nr. 228 die Gleichungen

$$(6\mathrm{a}) \qquad P_1 M' = M' P_2 = {}^1/_2\, P_1 P_2, \quad P_1 W_1 = W_1 U' = {}^1/_2\, P_1 U',$$
$$U' W_2 = W_2 P_2 = {}^1/_2\, U' P_2 .$$

Da auf Grund der in Fig. 70 angenommenen Anordnung U' zwischen P_1 und P_2 liegt, gelten die weiteren Gleichungen

$$(6\mathrm{b}) \quad \begin{cases} W_1 M' = P_1 M' - P_1 W_1 = {}^1/_2\, (P_1 P_2 - P_1 U') = {}^1/_2\, U' P_2, \\ M' W_2 = M' P_2 - W_2 P_2 = {}^1/_2\, (P_1 P_2 - U' P_2) = {}^1/_2\, P_1 U'. \end{cases}$$

---

[1]) Im folgenden setzen wir diese Reihenfolge von U_1, U, U_2 und die aus ihr entspringende Anordnung der übrigen Punkte stets voraus. Bei anderer Lage sind leichte Abänderungen der Beweise nötig; aber die Sätze behalten ihre Geltung.

Die Gleichungen (6a) und (6b) liefern zusammen mit den — aus $K'W_1 \parallel T'M' \parallel L'W_2$ folgenden — Verhältnisgleichungen

$$P_1K' : K'T' = P_1W_1 : W_1M', \quad T'L' : L'P_2 = M'W_2 : W_2P_2$$

die Verhältnisgleichungen

$$P_1K' : K'T' = P_1U' : U'P_2, \quad T'L' : L'P_2 = P_1U' : U'P_2$$

oder

(7) $$P_1K' : K'T' = T'L' : L'P_2 = P_1U' : U'P_2 .$$

Der erste Teil von (7) ergibt den Satz:

Sind P_1, P_2 zwei Punkte einer Parabel und P_1T', P_2T' die zugehörigen Tangenten, so werden diese durch eine dritte Tangente stets so in K', L' getroffen, daß $P_1K' : K'T' = T'L' : L'P_2$.

Ferner aber entspricht die Verhältnisgleichung (7) genau der Verhältnisgleichung (5), so daß wir aus P_1, P_2, T' den Punkt P in ebenderselben Weise konstruieren können, wie nach dem Satz von Nr. 227 aus A, B, T. Also sind A und B keine bevorzugten Punkte der Parabel $(AB; \; T)$; vielmehr kann dieselbe ebenso als Parabel $(P_1P_2; \; T')$ bezeichnet und bestimmt werden. Das heißt:

Eine Parabel ist durch irgendzwei ihrer Punkte und die zugehörigen Tangenten vollständig bestimmt und kann aus ihnen nach Nr. 224 oder Nr. 227 hergestellt werden.

230. Ein beliebiger Durchmesser der Parabel treffe AB in U und P_1P_2 in U'. Dann können wir nach der Vorschrift von Nr. 227 einen auf ihm liegenden Punkt der Parabel konstruieren sowohl, indem wir aus U die Parallelen zu BT und AT ziehen und mit AT und BT in K und L schneiden, als auch, indem wir aus U' die Parallelen zu P_2T' und P_1T' ziehen und mit P_1T' und P_2T' in K' und L' schneiden. Beide Male erhalten wir nach dem letzten Absatz von Nr. 229 dieselbe Tangente $KL \equiv K'L'$ der Parabel; ihr Berührungspunkt ist der Schnittpunkt P zwischen ihr und dem Durchmesser UU'. Da P_1, P_2 zwei ganz beliebige Punkte der Parabel $(AB; \; T)$ sind, folgt hieraus:

Zu jedem Durchmesser einer Parabel gibt es eine einzige Tangente, deren Berührungspunkt auf ihm liegt; sie wird als die ihm „konjugierte" Tangente bezeichnet.

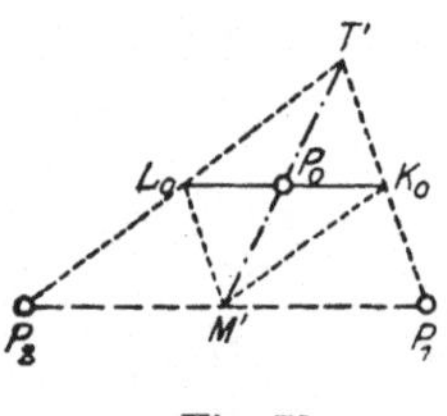

Fig. 71.

Nehmen wir in Fig. 70 insbesondere den Durchmesser $M'T'$, so erhalten wir die ihm konjugierte Tangente K_0L_0, indem wir — wie dies die Fig. 71 zeigt, die einen Teil von Fig. 70 wiederholt — den Punkt M' so wie oben U' benutzen, und als ihren Berührungspunkt P_0 ihren Schnittpunkt mit $M'T'$. Da

$$P_1M' = M'P_2, \quad M'K_0 \parallel P_2T', \quad M'L_0 \parallel P_1T',$$

haben wir

$$P_1K_0 = K_0T', \quad P_2L_0 = L_0T', \quad K_0L_0 \parallel P_1P_2, \quad M'P_0 = P_0T'.$$

Das heißt:

Wenn P_1, P_2 irgendzwei Punkte einer Parabel sind und die zuge-hörigen Tangenten sich in T' schneiden, so trägt der durch T' gelegte Durchmesser gerade einen Punkt P_0 der Parabel. P_0 ist der Mittelpunkt der zwischen T' und $P_1 P_2$ enthaltenen Strecke des Durchmessers und be-sitzt eine zu $P_1 P_2$ parallele Tangente.

Wir denken uns jetzt eine der Fig. 70 entsprechende Figur so ent-standen, daß wir auf AB zuerst den Punkt U angenommen und darauf zu beiden Seiten von ihm in beliebigen, aber gleichen Abstän-den die Punkte U_1, U_2 gewählt haben. Dann muß der Durchmesser UP auch die Strecke $P_1 P_2$ hälften und folglich mit dem Durchmesser $M'T'$ zusammenfallen. Unter dieser Voraussetzung aber ist KL die dem Durchmesser $UP \equiv M'T'$ konjugierte Tangente und zugleich nach dem letzten Satz $P_1 P_2 \parallel KL$. Also ergibt sich der neue Satz:

Jeder Durchmesser einer Parabel hälftet die Sehnen, die zu der ihm konjugierten Tangente parallel sind.

Hier findet etwas Ähnliches statt wie bei einem Durchmesser einer Ellipse und den Sehnen, die zu dem konjugierten Durchmesser parallel sind.

Symmetrieachse und Scheitel.

231. Ein Durchmesser einer Parabel, der auf seiner konjugierten Tangente senkrecht steht, hälftet nach dem letzten Satze von Nr. 230 die zu ihm senkrechten Sehnen und ist infolgedessen Symmetrieachse der Parabel. Konstruieren wir nun von der Parabel (AB; T) nach der Vorschrift von Nr. 224 den Punkt S, für den (vgl. Fig. 68) $XY \perp MT$, so ist nach dem Satz von Nr. 226 die zu S gehörige Tangente zu XY parallel, also zu MT und somit auch zu dem durch S laufenden Durch-messer, dem sie konjugiert ist, senkrecht. Gleichzeitig erkennen wir, daß außer S kein Punkt diese Eigenschaft besitzt, und folgern den Satz:

Die Parabel hat eine einzige Symmetrieachse; diese ist ein Durch-messer und steht im „Scheitel“ der Parabel auf der ihr konjugierten „Scheitel-tangente“ senkrecht.

Die Symmetrieachse, den Scheitel und die Scheiteltangente kann man in der soeben angedeuteten Weise aufsuchen. Schneller führt das folgende Verfahren (Fig. 72) zum Ziel:

Soll für eine Parabel (AB; T) die Symmetrieachse konstruiert werden, so bestimmt man den Mittelpunkt M der Strecke AB, schneidet AT und BT in A_1 und B_1 mit einer beliebigen zu MT senkrechten Geraden und hälftet die Strecke $A_1 B_1$ in V. Die Gerade VT trifft AB in einem Punkt U_s, durch den die Symmetrieachse parallel zu MT läuft. Der Scheitel S und die Scheiteltangente $K_s L_s$ folgen aus U_s nach der Vorschrift von Nr. 227.

Die Richtigkeit dieses Verfahrens leuchtet sofort ein, wenn wir das Dreieck $T A_1 B_1$ zu dem Parallelogramm $T A_1 W B_1$ ergänzen. Da die

Diagonalen desselben einander hälften, liegt V und somit auch U_s auf TW. Ziehen wir nun

$$U_s K_s \parallel BT \parallel WA_1 \quad \text{und} \quad U_s L_s \parallel AT \parallel WB_1,$$

so haben wir

$$TK_s : TA_1 = TU_s : TW = TL_s : TB_1,$$

also

$$K_s L_s \parallel A_1 B_1 \quad \text{und} \quad K_s L_s \perp MT.$$

$K_s L_s$ ist als zu MT senkrechte Tangente Scheiteltangente, S der Scheitel und SU_s die Symmetrieachse.

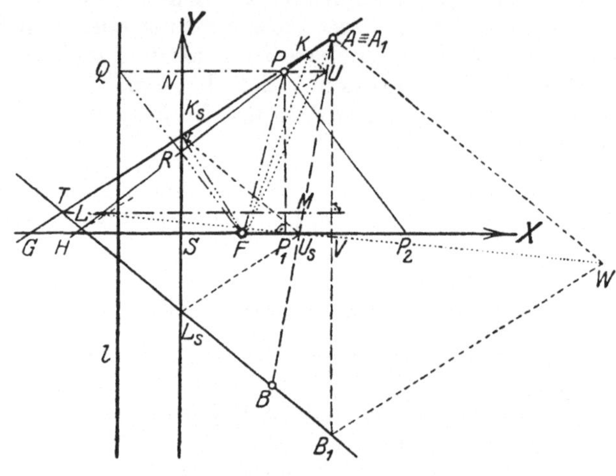

Fig. 72.

Brennpunkt und Leitlinie.

232. Wir schneiden in Fig. 72 die Symmetrieachse der Parabel $(AB; T)$ mit der Tangente AT in G und mit dem Lote, das wir in K_s auf AT errichten, in F. Wenden wir den letzten Satz von Nr. 228 auf die Punkte A, S und den Schnittpunkt K_s ihrer Tangenten an, so erkennen wir, daß $AK_s = K_s G$ ist, und erhalten

$$\triangle AFK_s \cong \triangle GFK_s.$$

Andererseits ist $K_s S$ die Höhe des rechtwinkeligen Dreiecks GFK_s; also ist

$$\triangle K_s FS \sim \triangle GFK_s \quad \text{und somit} \quad \triangle K_s FS \sim \triangle AFK_s.$$

Hieraus folgt

(8) $\quad \sphericalangle FAK_s = \sphericalangle FK_s S$, $\quad$ (9) $\quad AF : AK_s = K_s F : K_s S$.

Wenn wir von einem beliebigen Punkt U der Strecke AU_s[1]) ausgehend nach der Vorschrift von Nr. 227 einen Punkt P der Parabel nebst seiner Tangente KL konstruieren, so können wir den ersten Satz

---

[1]) Liegt U auf einem anderen Teil der Geraden AB, so ändert sich folgende Entwickelung ein wenig; aber das Endergebnis bleibt dasselbe.

von Nr. 229 auf die drei Tangenten AT, K_sL_s, KL anwenden: Da aber die ersten beiden die Berührungspunkte A, S und den Schnittpunkt K_s haben, so werden sie von der dritten in den Punkten K und R derart getroffen, daß

$$AK : KK_s = K_sR : RS .$$

Hieraus und aus den Gleichungen

$$AK + KK_s = AK_s , \quad K_sR + RS = K_sS$$

folgt die Verhältnisgleichung

$$AK : AK_s = K_sR : K_sS ,$$

die zusammen mit (9) die Verhältnisgleichung

$$AF : AK = K_sF : K_sR$$

liefert. Aus dieser und aus (8) folgt, daß

$$\triangle AFK \sim \triangle K_sFR ,$$

und hieraus wiederum, daß

$$(10) \quad \measuredangle AFK = \measuredangle K_sFR , \qquad (11) \quad AF : K_sF = KF : RF$$

ist. Da $\measuredangle AFK_s$ und $\measuredangle KFR$ sich aus $\measuredangle KFK_s$ und den beiden nach (10) gleichen Winkeln zusammensetzen, sind sie gleich; und das besagt zusammen mit (11), daß

$$\triangle AFK_s \sim \triangle KFR$$

ist. Hieraus folgt unmittelbar

$$\measuredangle KRF = \measuredangle AK_sF = 90° \qquad \text{oder} \qquad RF \perp KL .$$

Da KL eine beliebige Tangente der Parabel und R ihr Schnittpunkt mit der Scheiteltangente ist, können wir den Satz aussprechen:

Errichtet man auf allen Tangenten einer Parabel in ihren Schnittpunkten mit der Scheiteltangente die Lote, so gehen diese sämtlich durch denselben Punkt der Symmetrieachse, den „Brennpunkt".

Hieraus folgt:

Der Brennpunkt einer Parabel wird konstruiert als Schnittpunkt der Symmetrieachse mit dem Lote, das man auf irgendeiner Tangente in ihrem Schnittpunkt mit der Scheiteltangente errichtet.

233. Wenden wir den letzten Satz von Nr. 228 an auf die Punkte S, P und auf den Schnittpunkt R ihrer Tangenten, so erkennen wir, daß R der gemeinsame Mittelpunkt der Strecken SN, FQ, HP ist, die von dem Durchmesser von S, der Symmetrieachse, und von dem Durchmesser PU auf der Scheiteltangente, auf der Geraden FR und auf der Tangente KL begrenzt werden (Fig. 72). Hieraus und, weil $PR \perp FQ$ ist, folgt, daß

$$\triangle QNR \cong \triangle FSR , \qquad \triangle HSR \cong \triangle PNR , \qquad \triangle FPR \cong \triangle QPR$$

ist, und deshalb erhalten wir die Gleichungen

$$(12) \quad QN = SF , \qquad (13) \quad HS = NP , \qquad (14) \quad FP = QP .$$

Wie die Gleichung (12) zeigt, liegt Q, welchen Punkt P der Parabel wir auch nehmen, auf einer bestimmten Geraden l, die in demselben Abstand wie F auf der anderen Seite der Scheiteltangente zu dieser parallel verläuft. Beachten wir noch, daß $QP \perp l$ ist, so können wir nunmehr aus (14) den Satz ziehen:

Jede Parabel ist der Ort der Punkte, die von einem festen Punkt, dem „Brennpunkt" F, und von einer festen Geraden, der „Leitlinie" l, gleichen Abstand besitzen.

Dieser Satz enthält die gewöhnliche Begriffsbestimmung der Parabel und erweist die Berechtigung davon, daß wir bereits in Nr. 224 diesen Namen eingeführt haben. Der Abstand p zwischen F und l ist eine für die Parabel maßgebende Größe und wird als ihr *Parameter* bezeichnet; da nach Fig. 72 $p = QN + SF$ ist, folgt aus (12)

$$p = 2 \cdot SF \, .$$

Wir fällen nun aus P das Lot PP_1 auf die Symmetrieachse und ziehen durch P zu der Tangente KL senkrecht *die Normale der Parabel,* die der Symmetrieachse in P_2 begegne. Dann ist, da $SP_1 = NP$, nach (13)

$$(15) \qquad\qquad HP_1 = 2 \cdot HS = 2 \cdot SP_1$$

und, da

$$\triangle HP_1 P \sim \triangle HSR \quad \text{und} \quad \triangle P_1 P_2 P \sim \triangle SFR,$$

$$(16) \qquad\qquad P_1 P_2 = 2 \cdot SF = p \, .$$

Also ergibt sich der Satz:

Auf der Symmetrieachse einer Parabel wird durch das Lot, das auf sie von einem beliebigen Punkt der Parabel gefällt ist, und durch die zu dem Punkt gehörige Normale der Parabel eine Strecke begrenzt, die stets gleich dem Parameter der Parabel ist.

Führen wir nun (Fig. 72) ein Koordinatensystem ein, dessen x-Achse die Symmetrieachse und dessen y-Achse die Scheiteltangente ist, so hat ein beliebiger Punkt P der Parabel die Koordinaten $x = SP_1$ und, je nachdem er auf der einen oder der anderen Seite der x-Achse liegt, $y = P_1 P$ oder $y = - P_1 P$. Das Dreieck HPP_2, das bei P rechtwinkelig ist und die Höhe $P_1 P$ besitzt, liefert die Beziehung

$$\overline{P_1 P}^2 = HP_1 \cdot P_1 P_2$$

oder, da $P_1 P = \pm y$ und nach (15) $HP_1 = 2x$ sowie nach (16) $P_1 P_2 = p$ ist,

$$(17) \qquad\qquad y^2 = 2\,px \, .$$

Dies ist eine Bedingung, die von den Koordinaten aller Punkte der Parabel erfüllt werden muß, also *die Gleichung* der Parabel.

Der Scheitelkrümmungskreis.

234. Wie für die Scheitel der Ellipse können wir auch für den Scheitel der Parabel einen Krümmungskreis einführen. Wir haben in Nr. 166 gefunden, wie der Krümmungshalbmesser zu bestimmen ist; setzen wir an die Stellen der dort gebrauchten Buchstaben P und Y

jetzt die Buchstaben S und P, so können wir an der Hand von Fig. 72 folgendermaßen schließen: Der Krümmungshalbmesser im Scheitel S der Parabel ist

$$\mathfrak{r} = \tfrac{1}{2}\, lim\, \frac{\overline{NS}^2}{NP},$$

wenn P ein Punkt der Parabel nahe bei S ist, wenn das aus P auf die Scheiteltangente gefällte Lot den Fußpunkt N hat und wenn der Grenzübergang für die Vereinigung von P mit S bestimmt wird. Da nun, wie aus Nr. 233 folgt, $NS = \pm y$, $NP = x$ ist und während des ganzen Grenzüberganges die Gleichung (17) erfüllt sein muß, erhalten wir

$$\mathfrak{r} = \tfrac{1}{2}\, lim\, \frac{y^2}{x} = \tfrac{1}{2}\, lim\, 2\,p$$

oder, da ja $2\,p$ eine von der Verschiebung des Punktes P unabhängige, konstante Größe ist,

$$\mathfrak{r} = p.$$

Da $SF = \dfrac{p}{2}$ ist, können wir dieses Ergebnis folgendermaßen in Worte fassen:

Der Mittelpunkt des Scheitelkrümmungskreises einer Parabel liegt auf der Symmetrieachse doppelt so weit vom Scheitel entfernt wie der Brennpunkt.

Konstruktion der Parabel.

235. Die allgemeinen Betrachtungen, die wir in Nr. 147 und in Nr. 169 bei der Konstruktion der Ellipse angestellt haben, gelten auch für die Konstruktion der Parabel. Bei ihr wird sich deshalb als vorteilhaft erweisen die Anwendung des Satzes von Nr. 227 zur Eintragung einer Anzahl von Punkten und Tangenten in Verbindung mit der Benutzung der Symmetrieachse und des Scheitelkrümmungskreises. Wir kommen so zu der folgenden, durch Fig. 73 erläuterten Konstruktionsvorschrift:

Um eine Parabel $(AB;\,T)$ zu zeichnen, sucht man zuerst nach Nr. 231 ihre Symmetrieachse, ihren Scheitel und ihre Scheiteltangente auf, bestimmt darauf nach dem letzten Satz von Nr. 232 den Brennpunkt,

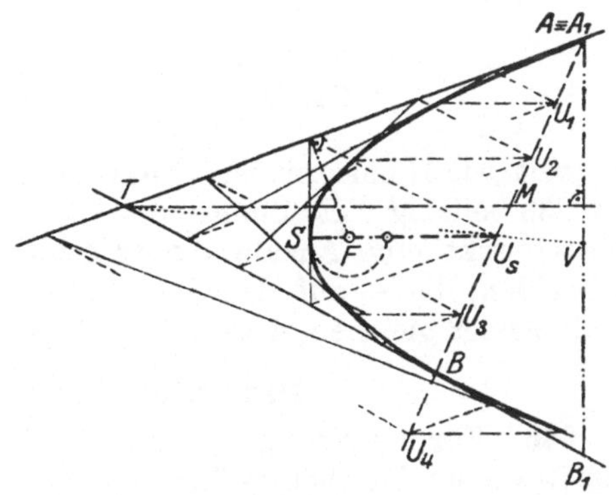

Fig. 73.

indem man auf AT oder BT im Schnittpunkt mit der Scheiteltangente das Lot errichtet, und zeichnet nach Nr. 234 den Scheitelkrümmungskreis ein. Hiernach verteilt man auf AB ungefähr gleichmäßig eine nicht zu große

Anzahl Punkte U_1, U_2, U_3 ... und konstruiert aus ihnen nach Nr. 227 — jede Gruppe von untereinander parallelen Hilfslinien unmittelbar hintereinander ziehend — die zugehörigen Punkte und Tangenten der Parabel. Nunmehr kann man die Kurve nach dem letzten Absatz von Nr. 170 einzeichnen.

Natürlich ist von einer Parabel immer nur ein endliches Stück zu zeichnen. Handelt es sich gerade um den Bogen AB, so sind U_1, U_2, U_3 ... nur auf der Strecke AB anzunehmen. Handelt es sich aber um einen größeren Bogen, so müssen, wie in Fig. 73 auf der Verlängerung über B hinaus, auch außerhalb der Strecke AB solche Punkte gewählt und nach der Vorschrift von Nr. 227 benutzt werden. Ferner ist zu bemerken, daß der endliche Bogen AB den Scheitel der Parabel nicht zu tragen braucht; in diesem Fall ist für die Zeichnung dieses Bogens auch die Bestimmung des Brennpunktes und des Scheitelkrümmungskreises nicht nötig.

Wenn wir den Scheitel S und den Brennpunkt F einer Parabel kennen, ist nach Nr. 233 die Leitlinie l bekannt; denn sie steht auf der Geraden SF in dem Punkt senkrecht, der von F doppelt so weit wie S entfernt ist. Dann können wir auch nach dem Satz von Nr. 233 beliebig viele Punkte der Parabel herstellen, indem wir um F als Mittelpunkt eine Anzahl Kreise schlagen und jeden mit der Geraden schneiden, die — auf derselben Seite von l wie F — in einem, seinem Halbmesser gleichen Abstand zu l parallel läuft.

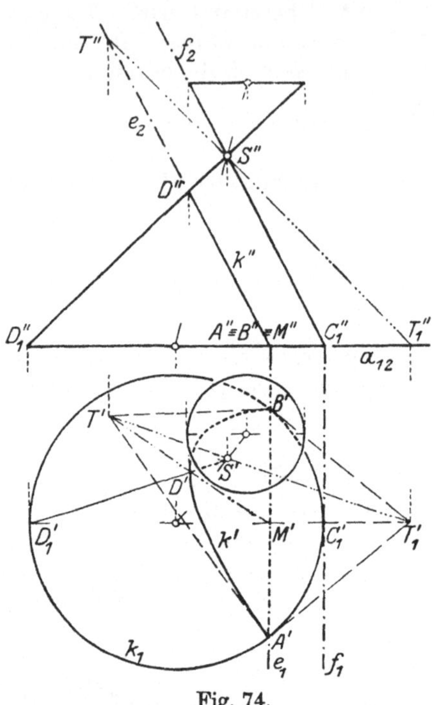

Fig. 74.

Das affine Bild der Parabel.

236. Für die Frage, was für eine Kurve sich bei Parallelprojektion als Riß einer Parabel ergibt, sind dieselben Überlegungen maßgebend wie in Nr. 171. Wir müssen also das affine Bild einer Parabel (AB; T) untersuchen. In einer irgendwie bestimmten Affinität mögen den Punkten A, B, T die Punkte $\mathfrak{A}$, $\mathfrak{B}$, $\mathfrak{T}$ zugeordnet sein. Dann entsprechen (Nr. 119 und Nr. 120):

dem Punkt M die Mitte $\mathfrak{M}$ von $\mathfrak{A}\mathfrak{B}$;

den Geraden x und y, die parallel zu MT durch B und A laufen, die Geraden $\mathfrak{x}$ und $\mathfrak{y}$, die parallel zu $\mathfrak{MT}$ durch $\mathfrak{B}$ und $\mathfrak{A}$ laufen;

einer beliebig durch T gelegten Geraden und ihren Schnittpunkten X, Y mit x, y eine Gerade durch $\mathfrak{T}$ und ihre Schnittpunkte $\mathfrak{X}$, $\mathfrak{Y}$ mit $\mathfrak{x}$, $\mathfrak{y}$;

den Geraden AX, BY und ihrem Schnittpunkt P die Geraden $\mathfrak{AX}$, $\mathfrak{BY}$ und ihr Schnittpunkt $\mathfrak{P}$.

Zu jedem Punkt P der Parabel $(AB; T)$ gehört demnach ein Punkt $\mathfrak{P}$, der sich aus $\mathfrak{A}$, $\mathfrak{B}$, $\mathfrak{T}$ genau nach der Vorschrift von Nr. 224 ergibt, also ein Punkt der Parabel $(\mathfrak{AB}; \mathfrak{T})$ ist. Hieraus folgt:

Das affine Bild der Parabel $(AB; T)$ ist, wenn den Punkten A, B, T die Punkte $\mathfrak{A}$, $\mathfrak{B}$, $\mathfrak{T}$ entsprechen, die Parabel $(\mathfrak{AB}; \mathfrak{T})$.

Auch die in Nr. 172 enthaltenen Bemerkungen sind hier zu wiederholen. Der zu P gehörigen Tangente der Parabel $(AB; T)$ entspricht die zu $\mathfrak{P}$ gehörige Tangente der Parabel $(\mathfrak{AB}; \mathfrak{T})$ und dem durch P gehenden Durchmesser von $(AB; T)$ — weil er zu MT parallel ist — die durch $\mathfrak{P}$ laufende Parallele zu $\mathfrak{MT}$, d. h. der durch $\mathfrak{P}$ laufende Durchmesser von $(\mathfrak{AB}; \mathfrak{T})$. Also überträgt sich die Zuordnung zwischen einem Durchmesser und der ihm konjugierten Tangente (Nr. 230) von der ursprünglichen Parabel auf die affine. Aber der Symmetrieachse und der Scheiteltangente der ersten Parabel entsprechen bei der zweiten ein Durchmesser und die ihm konjugierte Tangente, die nur unter besonderen Umständen einen rechten Winkel (Nr. 134) bilden und somit im allgemeinen nicht Symmetrieachse und Scheiteltangente sind. Hieraus folgt:

Bei Parallelprojektion hat die Symmetrieachse einer Parabel im allgemeinen nicht die Symmetrieachse, sondern einen anderen Durchmesser der Bildparabel zum Riß.

Selbst wenn die erwähnten besonderen Umstände eintreten, müssen noch weitere Besonderheiten der Lage statthaben, sollen auch Brennpunkt und Leitlinie der Bildparabel die Risse von Brennpunkt und Leitlinie der ursprünglichen Parabel sein; doch wollen wir diese Verhältnisse nicht näher untersuchen.

Die Parabel als Kegelschnitt zweiter Art.

237. Aufgabe: *Gegeben* sind die Risse des Scheitels S und, in der Grundrißtafel liegend, der Leitkreis k_1 einer Kreiskegelfläche; ferner die erste Spur e_1 einer Ebene E in der Art, daß k_1 und e_1 sich in zwei Punkten begegnen. *Gefordert* wird die Bestimmung der zweiten Spur e_2 von E so, daß E die Kreiskegelfläche in einer Parabel schneidet, und die Konstruktion der Risse dieser Parabel.

Wir legen Fig. 74 so an, wie dies in Nr. 220 für Fig. 65 auseinandergesetzt wurde. *Dabei sei wiederum zunächst e_1 zu a_{12} senkrecht*, so daß der zu e_1 senkrechte Durchmesser $C_1 D_1 \equiv C_1' D_1'$ von k_1 parallel zu a_{12} läuft. Nehmen wir die eine zu e_1 parallele Tangente von k_1, etwa die in C_1' berührende, als f_1 und die Umrißlinie $S''C_1''$ als f_2, so haben wir die Spuren einer Tangentialebene Φ der Kreiskegelfläche.

Die zu Φ parallele Ebene E, deren erste Spur e_1 ist und deren zweite Spur e_2 wir parallel zu f_2 durch den Schnittpunkt zwischen e_1 und a_{12} ziehen, ist nach Nr. 213 und Nr. 224 eine Ebene, die eine Parabel k in die Kreiskegelfläche einzeichnet. Der Aufriß k'' von k ist nach Nr. 205 ein Teil der Geraden e_2. Der Grundriß k' ist, wenn wir der Vorschrift von Nr. 223 entsprechend die Risse der Punkte A, B, T bestimmen, nach Nr. 236 die Parabel $(A'B';\ T')$ und als solche nach Nr. 235 einzutragen. Die Durchführung ist ohne weiteres in Fig. 74 zu erkennen.

In Übereinstimmung mit den Entwickelungen von Nr. 223 ergibt sich M' als Schnittpunkt von e_1 mit $C_1'\,D_1'$ und $M'T' \parallel C_1'S'$. Ferner ist der Punkt D, in dem E von der Erzeugenden SD_1 getroffen wird, gerade der auf MT liegende Punkt der Parabel $(AB;\ T)$; denn, da D_1, M, T_1 in einer Geraden liegen, sind die Strahlen SD_1, SM, ST_1 in einer Ebene und ihre Schnittpunkte mit E, nämlich D, M und T, in einer Geraden enthalten. Infolgedessen ist der Grundriß D' der auf $M'T'$ liegende Punkt der Parabel $(A'B';\ T')$ und hälftet nach dem zweiten Satz von Nr. 230 die Strecke $M'T'$. Wir können also den Punkt T' ohne Benutzung von T_1 finden, indem wir zuerst D'', darauf D' bestimmen und $M'D'$ über D' hinaus so bis T' verlängern, daß $D'T' = M'D'$ wird.

Wenn e_1 nicht zu a_{12} senkrecht ist, so führen wir einen an den Grundriß anschließenden Seitenriß ein, dessen Rißachse a_{13} auf e_1 senkrecht steht, konstruieren zunächst mit Grund- und Seitenriß nach den soeben gegebenen Erläuterungen und bestimmen dann den Aufriß auf Grund von Nr. 38.

238. Aufgabe: *Gegeben* sind in Fig. 75 die Risse eines geraden Kreiskegels, der auf der Grundrißtafel steht (vgl. Nr. 206), und in dieser eine schräg verlaufende, den Leitkreis k_1 schneidende Gerade e_1. *Gefordert* ist die Konstruktion der Risse einer Parabel, die auf dem Kreiskegel liegt und deren Ebene die erste Spur e_1 besitzt.

Zur Lösung benutzen wir die Ergebnisse von Nr. 237 und insbesondere die Bemerkungen der letzten beiden Absätze. Wir nehmen also einen an den Grundriß anschließenden Seitenriß zu Hilfe, für den die Rißachse a_{13} senkrecht zu e_1 ist, und in ihm, wenn C_1D_1 der zu a_{13} parallele Durchmesser von k_1 ist, die dritte Spur e_3 parallel zu $S'''\,C_1'''$ durch den Schnittpunkt zwischen e_1 und a_{13}, in dem zugleich die Seitenrisse A''', B''', M''' sich vereinigen. e_2 tragen wir mit Hilfe eines Punktes P ein, für den wir P' auf a_{12}, P''' auf e_3 annehmen und P'' nach Nr. 38 aufsuchen.

Der Punkt D hat den Schnittpunkt zwischen e_3 und $S'''D_1'''$ zum Seitenriß D'''; sein Grundriß D' liegt, da S' der Mittelpunkt von k_1 ist, auf $C_1'D_1'$. Weil $M'''D''' \parallel C_1'''S'''$, sind die Dreiecke $M'''D'''D_1'''$ und $C_1'''S'''D_1'''$ ähnlich, so daß das erste ebenso wie das zweite gleichschenkelig ist. Mithin hälftet die Ordnungslinie $D'''D'$ als Höhe des Dreiecks $M'''D'''D_1'''$ seine Grundseite $M'''D_1'''$ und folglich auch die

Strecke $M'D_1'$. Es ist also $M'D' = D'D_1'$ und, da $M'D' = D'T'$ sein muß, $T' \equiv D_1'$.

Nunmehr können wir die Parabel $(A'B'; T')$ nach Nr. 235 eintragen und bemerken dabei folgendes: Da $M'T' \perp A'B'$, haben wir in $M'T'$ ihre Symmetrieachse, in D' ihren Scheitel und in $D'D'''$ ihre Scheiteltangente. Die Tangente $B'T'$ ist Sehne des Leitkreises k_1 und wird — ebenso wie $M'D_1'$ — durch $D'D'''$ gehälftet; errichten wir also im Schnittpunkt zwischen $B'T'$ und $D'D'''$ das Lot auf $B'T'$, so geht dieses durch den Mittelpunkt S' von k' und zeigt auf Grund des letzten Satzes von Nr. 232, daß S' der Brennpunkt von $(A'B'; T')$ ist. Demnach ergibt sich der — an den Schluß von Nr. 222 erinnernde — Satz:

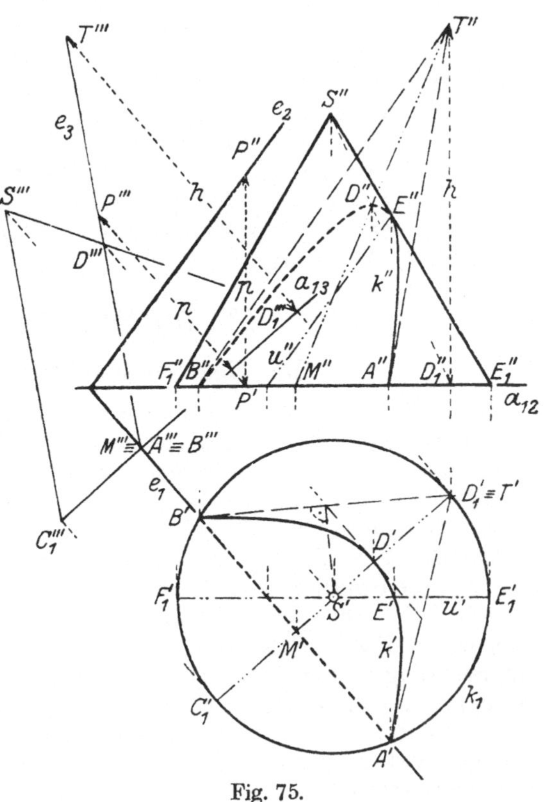

Fig. 75.

Wird eine Parabel, die auf einem geraden Kreiskegel liegt, rechtwinkelig auf die Leitkreisebene projiziert, so hat die Bildparabel den Mittelpunkt des Leitkreises zum Brennpunkt.

Um endlich den Aufriß fertigzustellen, schneiden wir durch die Ordnungslinien [1, 2] auf a_{12} die Punkte A'', B'', M'' ein und bestimmen, nachdem wir im Seitenriß noch den Punkt T''' als Schnittpunkt zwischen e_3 und der durch T' laufenden Ordnungslinie [1, 3] eingetragen haben, nach Nr. 38 die Punkte D'' und T''. Dabei ist zu beachten, daß D'' auf $M''T''$ liegen und $A''M'' = M''B''$, $M''D'' = D''T''$ sein muß. Die Aufrißparabel $(A''B''; T'')$ zeichnen wir nach Nr. 235. Sie berührt — vgl. den letzten Absatz von Nr. 221 — den Umriß des Kegels in den Punkten E'', F'', in deren Grundrissen E', F' die Grundrißparabel $(A'B'; T')$ dem wagerechten Durchmesser u' von k_1 begegnet und von denen in Fig. 75 nur E'' vorhanden ist; E'', F'' werden genau konstruiert mit Hilfe des Aufrisses u'' der zweiten Hauptlinie von E, deren Grundriß u' ist.

Die Tangenten, die die Parabel $(AB; T)$ und ihre Risse $(A'B'; T')$ und $(A''B''; T'')$ in den Punkten D, D', D'' haben, sind zu $AB \equiv e_1$, $A'B' \equiv e_1$, $A''B'' \equiv a_{12}$ parallel (Nr. 230); also ist die zu D gehörige Tangente von $(AB; T)$ eine erste Hauptlinie der Ebene E. Da ferner $M'D' \perp e_1$, ist der Durchmesser MD von $(AB; T)$ eine erste Fallinie von E und zu der ihm konjugierten Tangente von D senkrecht. Somit hat die Parabel $(AB; T)$ die Gerade MD zur Symmetrieachse; da sie eine besondere Lage gegen die Grundrißtafel besitzt, ist auch $M'D'$ Symmetrieachse von $(A'B'; T')$, während in Übereinstimmung mit dem letzten Satz von Nr. 236 im Aufriß $M''D''$ nicht Symmetrieachse von $(A''B''; T'')$ wird.

IV. Die Hyperbel.

Der Kegelschnitt dritter Art.

239. Wir kehren nochmals zum Schluß von Nr. 217 zurück und legen jetzt durch eine Kreiskegelfläche nach Nr. 213 eine Ebene E so hindurch, daß der entstehende Kegelschnitt k von der dritten Art ist, daß also die Ebene Φ, die parallel zu E durch den Kegelscheitel S läuft, die Kegelfläche in zwei Erzeugenden schneidet. Sind A_1, B_1 die Spurpunkte, die diese Erzeugenden in der Ebene des Leitkreises k_1 haben, und ist f_1 die Spurlinie von Φ, so begegnen sich k_1 und f_1 in A_1 und B_1 (vgl. Nr. 202). Diese beiden Punkte nun und einen beliebigen Punkt C_1 legen wir in diesem Falle nach dem letzten Absatz von Nr. 217 unserer Untersuchung in Fig. 76[1]) zugrunde. Wir erreichen dadurch eine Anordnung, die grundsätzlich verschieden ist von den Anordnungen bei den Kegelschnitten erster und zweiter Art; sie kennzeichnet den vorliegenden Fall geradeso, wie jene für die beiden anderen Fälle kennzeichnend waren.

Nachdem wir den Schnittpunkt T_1 der in A_1 und B_1 berührenden Tangenten von k_1 aufgesucht haben, fügen wir noch die Punkte X_1, Y_1, P_1 hinzu, die zu der Figur des ersten Satzes von Nr. 217 gehören, und schneiden durch die Erzeugenden SC_1, SP_1 der Kreiskegelfläche und durch die Geraden ST_1, SX_1, SY_1 in E die Punkte C, P, T, X, Y ein (Fig. 76). Die Erzeugenden SA_1, SB_1 jedoch, die in Φ liegen und somit zu E parallel sind, liefern keine Schnittpunkte A, B; dafür zeichnen alle durch sie gehenden Ebenen in E Geraden ein, die zu SA_1, bzw. SB_1 parallel sind. In dieser Weise entsteht in E eine Figur mit folgenden Eigenschaften:

Die Punkte C und P gehören dem Kegelschnitt k an.

Die Geraden t_a und t_b, die in E durch die Ebenen ST_1A_1 und ST_1B_1 eingezeichnet werden, laufen durch T, und es ist t_a zu SA_1, t_b zu SB_1

---

[1]) Über Fig. 76 ist dasselbe zu sagen wie auf S. 16 über Fig. 63 und außerdem noch, daß die Konstruktionen für zwei Punkte P und P^* ausgeführt sind, von denen der erste auf dem oberen, nur angedeuteten Kegelmantel und der zweite auf dem unteren Kegelmantel liegt.

parallel. Sie müßten, da die Ebenen ST_1A_1 und ST_1B_1 Tangentialebenen der Kegelfläche sind, nach Nr. 201 Tangenten von k in den Punkten A und B sein, wenn diese vorhanden wären; man nennt sie *Asymptoten.*

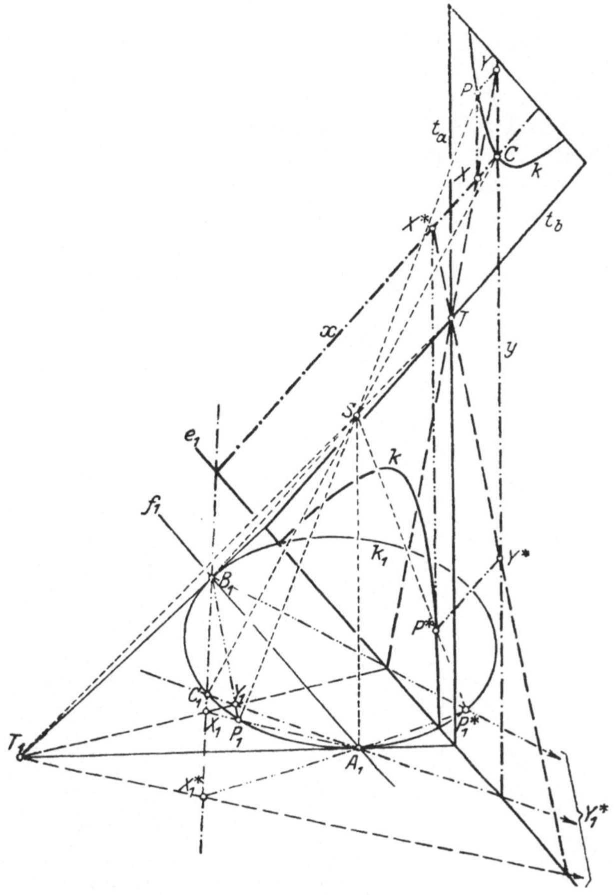

Fig. 76.

Weil A_1, C_1, Y_1 in einer Geraden liegen, befinden sich SC_1 und SY_1 in einer durch SA_1 gehenden Ebene; diese zeichnet in E eine zu SA_1 parallele Gerade y ein, die C und Y trägt. Ebenso sind PX zu SA_1, $CX \equiv x$ zu SB_1 und PY zu SB_1 parallel, so daß wir

$$y \parallel PX \parallel t_a \quad \text{und} \quad x \parallel PY \parallel t_b$$

haben.

Weil T_1, X_1, Y_1 in einer Geraden liegen, sind ST_1, SX_1, SY_1 in einer Ebene und T, X, Y in der Geraden enthalten, die diese Ebene in E einzeichnet.

Genau dasselbe ergibt sich für die in Fig. 76 mit * gekennzeichneten Punkte. P und P^* liegen auf verschiedenen Kegelmänteln und folglich auf verschiedenen Ästen des Kegelschnittes k (vgl. den letzten Satz von Nr. 213). Wir haben also das folgende Ergebnis:

Wird eine Kreiskegelfläche, deren Scheitel S und deren Leitkreis k_1 ist, durch eine Ebene E in einem Kegelschnitt dritter Art geschnitten, so bestimme man zuerst in der Ebene von k_1 die Spur f_1 der Ebene Φ, die parallel zu E durch S läuft, sowie die Punkte A_1, B_1, in denen f_1 und k_1, und den Punkt T_1, in dem die zu A_1, B_1 gehörigen Tangenten von k_1 einander begegnen, und konstruiere darauf in E die Durchstoßpunkte T der Geraden ST_1 und C einer beliebigen Kegelerzeugenden, sowie die Asymptoten t_a, t_b, die parallel zu SA_1 und SB_1 durch T laufen. Begegnen dann die Geraden x und y, die parallel zu t_b und t_a durch C laufen, einer beliebig in E durch T gelegten Geraden in X und Y, so ist der vierte Eckpunkt P des Parallelogrammes mit den Seiten CX; CY stets ein Punkt des Kegelschnittes.

Wenn E zu der Mittellinie der Kreiskegelfläche parallel ist, geht Φ durch diese Mittellinie und f_1 durch den Mittelpunkt von k_1; dann ist T_1 nicht vorhanden, weil die zu A_1 und B_1 gehörigen Tangenten von k_1 einander parallel sind, und gilt dasselbe, was am Schluß von Nr. 223 gesagt wurde.

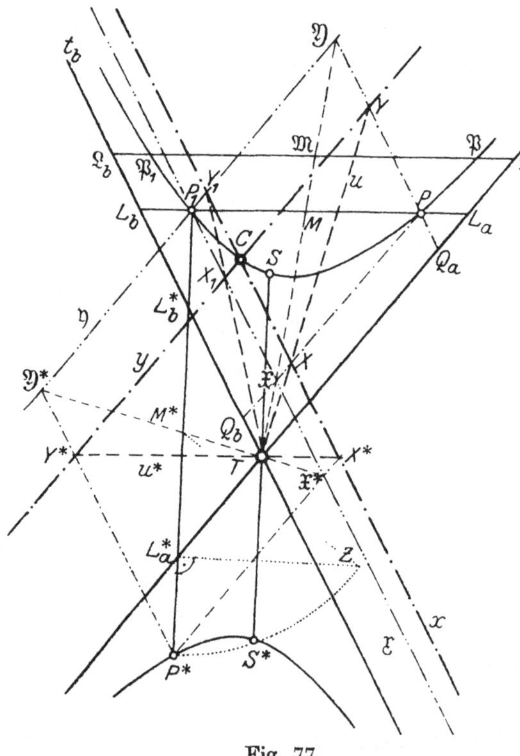

Fig. 77.

Begriff der Hyperbel.

240. Lösen wir die Ebene E mit der in ihr liegenden Figur aus der Verbindung mit der Kreiskegelfläche, so kommen wir, wie in Nr. 224, zu einer sonst ganz anders bestimmten Kurve, deren Namen — *Hyperbel* — wir zunächst lediglich mit der folgenden Begriffsbestimmung einführen:

Unter einer Hyperbel $(t_a \, t_b; \, C)$ verstehen wir den Ort des Schnittpunktes P der Geraden, die durch X parallel zu t_a und durch Y parallel zu t_b gezogen werden, wenn eine beliebig durch den Schnittpunkt T von t_a und t_b gelegte Gerade u in X und Y den durch C laufenden Geraden x, y begegnet, von denen $x \parallel t_b$, $y \parallel t_a$ ist.

Wir dürfen dann sagen:
Der Kegelschnitt dritter Art ist eine Hyperbel.
Aber wir haben dieselbe Bemerkung anzufügen wie am Schluß von Nr. 224.

In Fig. 77 untersuchen wir zunächst den Verlauf der Hyperbel $(t_a \, t_b; \, C)$ auf Grund ihrer Begriffsbestimmung. P liegt in demselben Winkelraum zwischen t_a und t_b wie C, sobald die Gerade u in diesen Winkelraum eintritt, und im Scheitelwinkelraum, sobald u — wie dies in Fig. 77 durch u^*, X^*, Y^*, P^* angedeutet ist — die Nebenwinkel durchsetzt. Für $u \equiv TC$ ergibt sich $P \equiv X \equiv Y \equiv C$. Drehen wir u oder u^* um T nach der Lage t_a zu, so entfernen sich — gegebenenfalls nach vorangegangener Annäherung — P und P^* immer weiter von T und rücken dabei immer enger an die Gerade t_a heran, ohne sie zu erreichen. Das entsprechende gilt, wenn wir t_a durch t_b ersetzen. *Also besteht die Hyperbel $(t_a \, t_b; \, C)$ aus zwei Ästen, die in dem einen Scheitelwinkelpaar zwischen t_a und t_b enthalten sind und deren einer C trägt; beide Äste sind nach beiden Seiten hin unbegrenzt und nähern sich den Geraden t_a und t_b, ohne mit ihnen zusammenzufallen.* Dies ist der Grund dafür, daß den Geraden t_a und t_b der Name *Asymptoten der Hyperbel* gegeben worden ist.

Mit diesem Verlauf der Hyperbel stimmt das überein, was wir in Nr. 213 und Nr. 239 in vorläufiger Fassung über den Kegelschnitt dritter Art und seine Asymptoten ausgesprochen haben.

Die konstante Flächengröße.

241. Die Asymptoten t_a, t_b und die zu ihnen parallelen Geraden bilden in Fig. 77 eine Anzahl Parallelogramme, bei deren Bezeichnung wir uns mit der Angabe je eines Paares gegenüberliegender Ecken begnügen dürfen. $\sharp \, TC$ und $\sharp \, TP$ können aus $\sharp \, TY$, $\sharp \, TC$ und $\sharp \, TP^*$ aus $\sharp \, X^*Y^*$ dadurch ausgeschnitten gedacht werden, daß durch den Punkt X der Diagonale TY und durch den Punkt T der Diagonale X^*Y^* die Parallelen zu den Seiten von $\sharp \, TY$ und von $\sharp \, X^*Y^*$ gezogen sind. Hieraus folgt, wenn wir den Flächeninhalt von $\sharp \, TC$ mit $(\sharp \, TC)$ usf. bezeichnen, daß

$$(\sharp \, TC) = (\sharp \, TP), \quad (\sharp \, TC) = (\sharp \, TP^*)$$

ist. $(\sharp \, TC)$ wird durch t_a, t_b, C gegeben und ist gleich dem Quadrat k^2, wenn k das geometrische Mittel zwischen Länge und Abstand eines Gegenseitenpaares von $\sharp \, TC$ ist. Deshalb ist für jeden Punkt P des einen und für jeden Punkt P^* des anderen Astes der Hyperbel

(1) $$(\sharp \, TP) = (\sharp \, TP^*) = k^2.$$

Das heißt:

Die Punkte einer Hyperbel bestimmen zusammen mit den Asymptoten Parallelogramme, die sämtlich denselben Flächeninhalt k^2 besitzen.

Wir fügen in Fig. 77, ausgehend von einer beliebig gewählten Geraden TX_1Y_1, einen dritten Punkt P_1 der Hyperbel hinzu und bezeichnen mit $\mathfrak{X}$ und $\mathfrak{Y}$ die Schnittpunkte von PX und P_1X_1 und von PY und P_1Y_1. Dann sind nach dem letzten Satz $\# TP$ und $\# TP_1$ flächengleiche Teile von $\# T\mathfrak{Y}$, und das ist nur möglich, wenn $\mathfrak{X}$ auf der Diagonale $T\mathfrak{Y}$ liegt. Also können wir P_1 als gegebenen Punkt ansehen und P nach der Vorschrift von Nr. 240 konstruieren, indem wir darin C durch P_1 ersetzen: Wir legen durch P_1 parallel zu t_b und t_a die Geraden $\mathfrak{x}$ und $\mathfrak{y}$, schneiden sie mit einer durch T gelegten Geraden in $\mathfrak{X}$ und $\mathfrak{Y}$ und bestimmen den Schnittpunkt der Geraden, die durch $\mathfrak{X}$ und $\mathfrak{Y}$ parallel zu t_a und t_b laufen. Für P^* und überhaupt für jeden Punkt der Hyperbel $(t_a t_b;\ C)$ gilt dasselbe wie für P. Deshalb erhalten wir den Satz:

Für die Hyperbel $(t_a t_b;\ C)$ ist C kein bevorzugter Punkt; vielmehr kann an seiner Stelle jeder beliebige Punkt der Hyperbel genommen werden.

Sind von einer Hyperbel die Asymptoten t_a, t_b und die kennzeichnende Strecke k gegeben und ist bekannt, in welchem Scheitelwinkelpaar zwischen t_a, t_b die Hyperbel liegt, so können wir einen Punkt P_1 der Hyperbel eintragen, indem wir für $\# TP_1$ eine Seite beliebig annehmen und die Höhe so konstruieren, daß der Flächeninhalt gleich k^2 wird. Hiermit ist nach dem letzten Satz die Hyperbel vollkommen bestimmt; also gilt der Satz:

Eine Hyperbel $(t_a t_b;\ k)$ ist bestimmt, wenn das sie enthaltende Scheitelwinkelpaar ihrer Asymptoten t_a, t_b und die kennzeichnende Strecke k gegeben sind.

242. Wir ziehen in Fig. 77 die Geraden PP_1 und P^*P_1, die t_a und t_b in L_a, L_b, L_a^*, L_b^* schneiden. Dann haben wir insofern zwei verschiedene Fälle, als P der Strecke L_aL_b, P^* aber einer der Verlängerungen der Strecke $L_a^* L_b^*$ angehört, und können für sie, zunächst *ohne jede Beziehung zu der Hyperbel*, eine Reihe von Gleichungen ableiten:

Bezeichnen wir die Winkel des Dreiecks TL_aL_b mit $\alpha\ (= \sphericalangle\ TL_aL_b)$, $\beta\ (= \sphericalangle\ TL_bL_a)$, $\gamma\ (= \sphericalangle\ L_aTL_b)$ und die beiden weiteren Eckpunkte von $\# TP$ mit Q_a und Q_b, so haben wir dieselben Winkel in den Dreiecken Q_aL_aP und Q_bPL_b. Die Anwendung des Sinussatzes auf diese beiden Dreiecke liefert die Gleichungen

$$PL_a = PQ_a\frac{\sin\gamma}{\sin\alpha}\,,\qquad PL_b = PQ_b\frac{\sin\gamma}{\sin\beta}\,.$$

Ferner ist
$$(\#\ TP) = PQ_a \cdot PQ_b \cdot \sin\gamma$$
und somit

$$(2)\qquad PL_a \cdot PL_b = (\#\ TP)\cdot \frac{\sin\gamma}{\sin\alpha \cdot \sin\beta}\,.$$

Ganz ebenso finden wir mit den Winkeln α^*, β^*, $\gamma^* = 180° - \gamma$ des Dreiecks $TL_a^* L_b^*$ die Gleichung

$$(2^*) \qquad P^*L_a^* \cdot P^*L_b^* = (\#\ TP^*) \cdot \frac{\sin\gamma}{\sin\alpha^* \cdot \sin\beta^*} .$$

Führen wir noch die Mitte M von $L_a L_b$ und die Mitte M^* von $L_a^* L_b^*$ ein, so finden wir

$$ML_a = ML_b, \qquad PL_a^{\,\prime} = ML_a - MP, \qquad PL_b = ML_a + MP,$$
$$M^*L_a^* = M^*L_b^*, \quad P^*L_a^* = M^*P^* - M^*L_a^*, \quad P^*L_b^* = M^*P^* + M^*L_a^*,$$

also

$$(3) \qquad PL_a \cdot PL_b = \overline{ML_a}^2 - \overline{MP}^2 ,$$
$$(3^*) \qquad P^*L_a^* \cdot P^*L_b^* = \overline{M^*P^*}^2 - \overline{M^*L_a^*}^2$$

Aus (2) und (3) und aus (2*) und (3*) fließen endlich noch die Gleichungen

$$(4) \qquad (\#\ TP) = (\overline{ML_a}^2 - \overline{MP}^2)\frac{\sin\alpha \cdot \sin\beta}{\sin\gamma} ,$$

$$(4^*) \qquad (\#\ TP^*) = (\overline{M^*P^*}^2 - \overline{M^*L_a^*}^2)\frac{\sin\alpha^* \cdot \sin\beta^*}{\sin\gamma} .$$

Wenn die Gerade P^*P_1 in besonderem Falle durch T geht, vereinigen sich L_a^* und L_b^* in T und tritt an die Stelle der Gleichungen (2*) und (4*) die Gleichung

$$(2^{**}) \qquad \overline{TP^*}^2 = (\#\ TP^*)\frac{\sin\gamma}{\sin\alpha^* \cdot \sin\beta^*} ,$$

die unmittelbar aus $\#\ TP^*$ folgt, wenn der eine Winkel γ des Parallelogramms durch TP^* in die Winkel α^*, β^* geteilt wird.

243. Wenn wir wieder voraussetzen, daß P und P^* Punkte der Hyperbel $(t_a t_b;\ k)$ sind, tritt die Beziehung (1) in Kraft und folgen aus ihr im Verein mit (2) und (2*) die Gleichungen

$$(5) \qquad PL_a \cdot PL_b = k^2\frac{\sin\gamma}{\sin\alpha \cdot \sin\beta} ,$$

$$(5^*) \qquad P^*L_a^* \cdot P^*L_b^* = k^2\frac{\sin\gamma}{\sin\alpha^* \cdot \sin\beta^*} .$$

Die Strecke k und der Winkel γ sind mit der Hyperbel fest gegeben. Ersetzen wir aber die Geraden $L_a L_b$ und $L_a^* L_b^*$ durch zu ihnen parallele Geraden, so bleiben auch die Winkel α, β, α^*, β^* und folglich die rechten Seiten der Gleichungen (5) und (5*) ungeändert. Hieraus ziehen wir den — für P und P^* geltenden — Satz:

Wenn ein Punkt P auf einer Hyperbel läuft und dabei eine Gerade von unverändert bleibender Richtung mitnimmt, so besitzt das Produkt der Strecken, die auf dieser Geraden durch P und die Asymptoten der Hyperbel abgegrenzt werden, einen unveränderlichen Wert.

Denken wir uns umgekehrt in Fig. 77 zunächst ohne Beziehung auf die Hyperbel die Geraden $L_a L_b$ und $L_a^* L_b^*$ mit den Punkten P und P^* eingetragen, so können wir zwei Strecken h und h^* als geometrische Mittel so konstruieren, daß

$$PL_a \cdot PL_b = h^2, \qquad P^* L_a^* \cdot P^* L_b^* = h^{*2}$$

ist, und finden mit Hilfe von (2) und (2*) die Gleichungen

$$(6) \qquad (\# \, TP) = h^2 \frac{\sin\alpha \cdot \sin\beta}{\sin\gamma}, \qquad (\# \, TP^*) = h^{*2} \frac{\sin\alpha^* \cdot \sin\beta^*}{\sin\gamma}.$$

Wir verschieben nun die Gerade $L_a L_b$ oder die Gerade $L_a^* L_b^*$ ohne Richtungsänderung und mit ihr den Punkt P bzw. P^* derart, daß die Längen der Strecken h und h^* keine Änderung erleiden. Bei diesem Vorgange behalten — wie die Winkel α, β, γ, α^*, β^* — die ganzen rechten Seiten von (6) ihre Größen; und dasselbe gilt demnach auch für $(\# \, TP)$ und $(\# \, TP^*)$. Der letzte Satz von Nr. 241 und der Vergleich der Gleichungen (1) und (6) zeigt, daß dabei P auf einer Hyperbel mit den Asymptoten t_a, t_b und der kennzeichnenden Strecke

$$k = h \sqrt{\frac{\sin\alpha \cdot \sin\beta}{\sin\gamma}}$$

und daß P^* auf einer Hyperbel mit denselben Asymptoten und der — nicht ohne weiteres mit k gleichen — kennzeichnenden Strecke $k^* = h^* \sqrt{\dfrac{\sin\alpha^* \cdot \sin\beta^*}{\sin\gamma}}$ läuft. Dieses Ergebnis können wir in seinen beiden Fällen in einen Satz zusammenfassen:

Sind zwei Geraden t_a, t_b und eine Strecke h gegeben, so gehören alle Punkte, die auf einer Schar von untereinander parallelen Geraden die zwischen t_a und t_b liegenden Strecken — entweder sämtlich innerlich oder sämtlich äußerlich — in zwei Strecken mit dem Produkt h^2 teilen, derselben Hyperbel an, deren Asymptoten t_a und t_b sind.

Sehnen und Tangenten.

244. Je nachdem die Endpunkte einer Sehne demselben Zug der Hyperbel angehören oder nicht, nennen wir sie eine *innere Sehne* oder eine *äußere Sehne*. Eine innere Sehne liegt ganz zwischen den Asymptoten, während die Asymptoten zwischen den Endpunkten jeder äußeren Sehne hindurchgehen. In Fig. 77 ist PP_1 eine innere und $P^* P_1$ eine äußere Sehne. Für P_1 gelten dieselben Beziehungen (3) und (5), wie für P, und (3*) und (5*), wie für P^*; aus ihnen ergibt sich

$$(7) \qquad \overline{MP}^2 = \overline{MP_1}^2 = \overline{ML_a}^2 - k^2 \frac{\sin\gamma}{\sin\alpha \cdot \sin\beta},$$

$$(7^*) \qquad \overline{M^* P^*}^2 = \overline{M^* P_1^*}^2 = \overline{M^* L_a^*}^2 + k^2 \frac{\sin\gamma}{\sin\alpha^* \cdot \sin\beta^*}.$$

Hiernach ist $MP = MP_1$, $M^* P^* = M^* P_1$, so daß M und M^* — wie in Fig. 77 angegeben — die Diagonalenschnittpunkte der Parallelogramme $P \mathfrak{X} P_1 \mathfrak{Y}$ und $P^* \mathfrak{X}^* P_1 \mathfrak{Y}^*$ sind. Ferner folgt, da ja auch $ML_a = ML_b$, $M^* L_a^* = M^* L_b^*$, der Satz:

Die beiden Strecken, die auf einer Geraden durch eine Hyperbel und durch ihre Asymptoten abgegrenzt werden, besitzen denselben Mittelpunkt.

Aus diesem Satz fließen ohne weiteres die Gleichungen

(8) $$P L_a = P_1 L_b, \qquad P L_b = P_1 L_a;$$
(8*) $$P^* L_a^* = P_1 L_b^*, \qquad P^* L_b^* = P_1 L_a^*.$$

Wir denken uns nun in Fig. 77 die Gerade $L_a L_b$ beliebig so durch den Hyperbelpunkt P gezogen, daß P der Strecke $L_a L_b$ angehört, und auf dieser Strecke den Punkt P_1 unabhängig von der Hyperbel so eingetragen, daß die Gleichungen (8) gelten. Ist dann M die Mitte von $L_a L_b$, so ist auch $M P = M P_1$, und es besteht sowohl für P als auch für P_1 die Beziehung (4); deshalb ist $(\# T P_1) = (\# T P)$ und nach Nr. 241 auch P_1 ein Punkt der Hyperbel. Dasselbe ergibt sich, wenn wir, etwa von P^* und den Gleichungen (8*) ausgehend, eine äußere Sehne nehmen. Mithin gilt der Satz:

Jede Gerade g, die durch einen Punkt P einer Hyperbel läuft, schneidet die Hyperbel noch in einem zweiten Punkt. Um diesen zu finden, trägt man nach (8) und (8) die Strecke, die auf g zwischen P und der einen Asymptote liegt, von der anderen Asymptote aus auf g so ab, daß je nach der Lage von g entweder eine innere oder eine äußere Sehne der Hyperbel entsteht.*

245. Wir nehmen eine *innere Sehne* $P P_1$ der Hyperbel, halten ihren einen Endpunkt P fest und lassen den anderen Endpunkt P_1 auf der Hyperbel sich dem ersten unbegrenzt nähern. Dabei dreht sich die Gerade $L_a L_b$, auf der die Sehne $P P_1$ liegt (Fig. 77), in eine Grenzlage, die nach Nr. 141 die zu P gehörige Tangente der Hyperbel ist. Die Gleichungen (8) gelten während der ganzen Drehung, also auch in der Grenzlage, die t_a in H_a, t_b in H_b schneiden möge; sie nehmen für diese, d. h. für $P_1 \equiv P$, $L_a \equiv H_a$, $L_b \equiv H_b$, die Gestalt

(9) $$P H_a = P H_b$$

an und liefern hiermit den Satz:

Auf jeder Tangente einer Hyperbel hälftet der Berührungspunkt die auf ihr durch die Asymptoten abgeschnittene Strecke.

Sind nun in Fig. 78 t_a und t_b die sich in T treffenden Asymptoten, P ein Punkt und $H_a H_b$ die in ihm berührende Tangente einer Hyperbel, so zeichnen wir das zu P gehörige Parallelogramm $T Q_a P Q_b$ oder $\# T P$ ein und haben wegen (9) auch $T Q_a = Q_a H_a$, $T Q_b = Q_b H_b$. Also folgt:

Um für einen Punkt P einer Hyperbel, deren Asymptoten sich in T schneiden, die Tangente zu konstruieren,

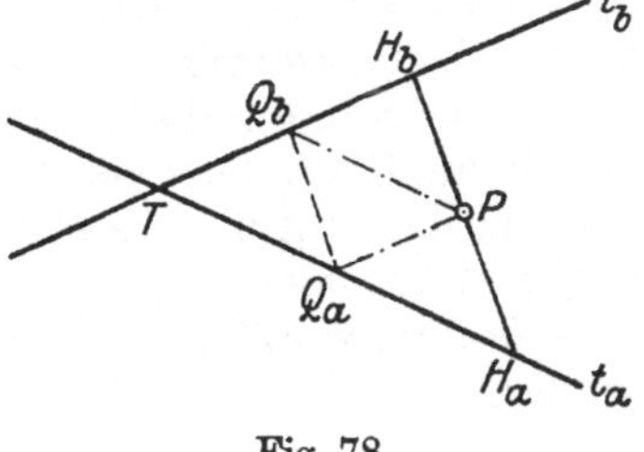

Fig. 78.

zeichnet man das Parallelogramm $T Q_a P Q_b$ ein, das durch P und die Asymptoten bestimmt ist, verdoppelt seine Seiten $T Q_a$ und $T Q_b$ über Q_a und

Q_b hinaus bis zu den Punkten H_a und H_b, von denen wenigstens der eine stets erreichbar sein wird, und zieht die Gerade $H_a P H_b$.

Umgekehrt denken wir uns in Fig. 78 die Strecke $H_a H_b$ beliebig zwischen t_a und t_b gelegt. Dann bestimmt ihr Mittelpunkt P eine Hyperbel $(t_a t_b; P)$, und als deren zu P gehörige Tangente erhalten wir nach dem letzten Satz gerade $H_a H_b$. Das heißt:

Eine Hyperbel ist bestimmt, wenn ihre Asymptoten und eine Tangente gegeben sind.

Ziehen wir in Fig. 78 die Strecke $Q_a Q_b$, so entstehen vier kongruente Dreiecke, die das Dreieck $T H_a H_b$ ausfüllen, während $\# T P$ sich aus zwei von ihnen zusammensetzt. Mithin folgt aus dem ersten Satz von Nr. 241 und aus der Gleichung (1) der Satz:

Die Dreiecke, die begrenzt werden durch die einzelnen Tangenten einer Hyperbel $(t_a t_b; k)$ einerseits und durch die Asymptoten t_a, t_b andererseits, haben sämtlich den Flächeninhalt $2 k^2$.

Der Flächeninhalt des Dreiecks $T H_a H_b$ wird, wenn $\sphericalangle H_a T H_b = \gamma$ ist, durch $\tfrac{1}{2} \cdot T H_a \cdot T H_b \cdot \sin \gamma$ ausgedrückt; da hierbei $\sin \gamma$ für alle Tangenten denselben Wert hat, folgt aus dem letzten Satz:

Für alle Tangenten einer Hyperbel haben die Strecken, die jede von ihnen auf den Asymptoten — gerechnet von deren Schnittpunkt aus — abgrenzt, dasselbe Produkt.

246. Eine *äußere Sehne* der Hyperbel kann durch den Asymptotenschnittpunkt T gehen. Ist $S S^*$ (Fig. 77) eine solche Sehne, so gilt die Gleichung (2**) sowohl für S als auch für S^* und liefert zusammen mit (1) die Gleichung

$$(7^{**}) \qquad \overline{TS}^2 = \overline{TS^*}^2 = k^2 \frac{\sin \gamma}{\sin \alpha^* \cdot \sin \beta^*} \, .$$

Da hiernach $T S = T S^*$ ist, wird jede durch T gehende Sehne der Hyperbel in T gehälftet. Deshalb nennen wir T den *Mittelpunkt* der Hyperbel und die durch ihn gehenden Geraden *Durchmesser*. Aber nur die Durchmesser schneiden die Hyperbel, die in demselben Scheitelwinkelpaar wie sie verlaufen, und tragen *Durchmessersehnen;* sie mögen *wirkliche Durchmesser* heißen. Ziehen wir zu einer Sehne der Hyperbel den parallelen Durchmesser, so tritt er nicht in das Dreieck ein, das die Gerade der Sehne mit den Asymptoten bildet, sondern liegt in dem von den Asymptoten begrenzten Außenwinkelpaar des Dreiecks; hieraus folgt, da dieses Außenwinkelpaar nur im Falle einer äußeren Sehne die Hyperbel enthält, der Satz:

Jede äußere Sehne einer Hyperbel ist einem wirklichen Durchmesser parallel.

Es sei nun $S S^*$ die zu der äußeren Sehne $P_1 P^*$ parallele Durchmessersehne; dann haben die Winkel α^* und β^* für beide Sehnen dieselben Größen, so daß aus (7*) und (7**) die Gleichung

$$\overline{TS}^2 = \overline{M^* P^*}^2 - \overline{M^* L_a^*}^2$$

folgt. Da also TS Kathete in einem rechtwinkligen Dreieck ist, das die Hypotenuse gleich M^*P^* und die andere Kathete gleich $M^*L_a^*$ hat, fließt hieraus die Konstruktionsvorschrift (vgl. Fig. 77):

Um die Schnittpunkte S, S^* einer Hyperbel $(t_a t_b; P^*)$ mit einem wirklichen Durchmesser zu bestimmen, zieht man durch P^* die zu dem Durchmesser parallele Gerade, schlägt um die Mitte M^* der Strecke $L_a^* L_b^*$, die durch t_a und t_b auf ihr abgegrenzt wird, den durch P^* gehenden Kreis und schneidet diesen mit dem Lot, das man in L_a^* auf $L_a^* L_b^*$ errichtet, in Z. Dann ist die Durchmessersehne SS^* doppelt so groß wie die Strecke $L_a^* Z$.

Symmetrieachsen und Scheitel.

247. Wenn wir in Fig. 77 eine zu PP_1 parallele (innere) Sehne $\mathfrak{P}\mathfrak{P}_1$ der Hyperbel mit t_a in $\mathfrak{L}_a$, mit t_b in $\mathfrak{L}_b$ und mit TM in $\mathfrak{M}$ schneiden, so folgt aus $ML_a = ML_b$ im Verein mit den Ähnlichkeiten

$$\triangle\, TML_a \sim \triangle\, T\mathfrak{M}\mathfrak{L}_a, \quad \triangle\, TML_b \sim \triangle\, T\mathfrak{M}\mathfrak{L}_b,$$

daß auch $\mathfrak{M}\mathfrak{L}_a = \mathfrak{M}\mathfrak{L}_b$, und hieraus nach dem ersten Satz von Nr. 244, daß $\mathfrak{M}\mathfrak{P} = \mathfrak{M}\mathfrak{P}_1$ ist. Genau ebenso finden wir, wenn $\mathfrak{P}^*\mathfrak{P}_1$ eine zu P^*P_1 parallele (äußere) Sehne ist, daß ihr Mittelpunkt $\mathfrak{M}^*$ auf TM^* liegt. Deshalb dürfen wir zusammenfassend sagen:

Die Mittelpunkte aller untereinander parallelen Sehnen einer Hyperbel liegen auf einem Durchmesser.

Aus diesem Satz könnten wir Eigenschaften der Hyperbel ableiten, die denen entsprechen, die wir für die Ellipse bei den konjugierten Durchmessern (Nr. 145) und für die Parabel bei der einem Durchmesser konjugierten Tangente (Nr. 230) gefunden haben. Aber wir wollen hier nur den besonderen Fall in Betracht ziehen, daß $TM \perp L_a L_b$ und $TM^* \perp L_a^* L_b^*$: Hierfür ist die notwendige und hinreichende Vorbedingung, daß die Geraden TM und TM^* die Winkel zwischen t_a und t_b hälften. Also ergibt sich nach dem letzten Satz für die Winkelhalbierenden der Asymptoten die kennzeichnende Eigenschaft, daß jede von ihnen die Mittelpunkte der zu ihr senkrechten Hyperbelsehnen trägt; und an sie knüpfen sich genau dieselben Schlüsse, die wir in Nr. 154 und Nr. 155 für die Ellipse gezogen haben. Wir dürfen unmittelbar die Sätze aussprechen:

Eine Hyperbel besitzt zwei Symmetrieachsen, die Winkelhalbierenden ihrer Asymptoten.

Die Punkte einer Hyperbel ordnen sich zu Gruppen von je vier symmetrischen Punkten. Jede Gruppe bestimmt ein Rechteck, dessen Diagonalen sich im Asymptotenschnittpunkt treffen. Die Tangenten der Hyperbel, deren Berührungspunkte vier Punkte dieser Art sind, bilden einen Rhombus, dessen Diagonalen die Symmetrieachsen sind. (Vgl. in Fig. 79 die Punkte U, $\mathfrak{U}$, U^*, $\mathfrak{U}^*$ und ihre Tangenten.)

Von den beiden Symmetrieachsen ist die eine ein wirklicher Durchmesser; wir bezeichnen sie als die *Hauptachse* und die andere als die *Nebenachse* der Hyperbel. Nur die erste trägt *Scheitel* der Hyperbel, und es ergibt sich sofort:

Die Scheitel einer Hyperbel sind nach der Vorschrift am Ende von Nr. 246 zu konstruieren.

248. Sind in Fig. 79 S und S^* die Scheitel einer Hyperbel $(t_a t_b; P)$, so stehen die zugehörigen Scheiteltangenten $R_a R_b$, $R_a^* R_b^*$ nach dem ersten Satz von Nr. 156 auf der Hauptachse senkrecht. Deshalb ist

$$TR_a = TR_b, \quad TR_a^* = TR_b^*;$$
$$TS = TS^* = a;$$
$$SR_a = SR_b = S^*R_a^* = S^*R_b^* = b;$$
$$\angle STR_a = \angle STR_b = \angle S^*TR_a^* = \angle S^*TR_b^* = \vartheta.$$

Wir nennen *a die Halbachse, b die halbe Scheiteltangente* und ϑ *den halben Asymptotenwinkel* der Hyperbel.

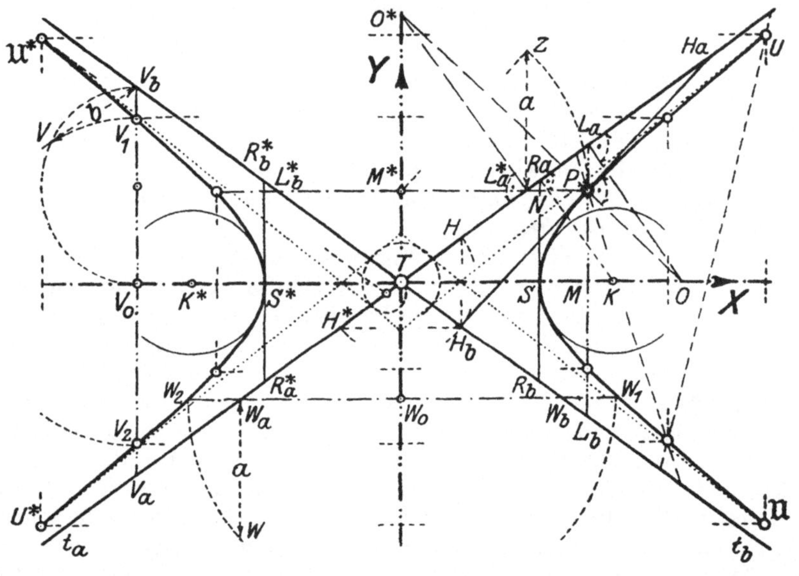

Fig. 79.

Aus dem rechtwinkeligen Dreieck TSR_a folgt

(10) $$\operatorname{tg}\vartheta = \frac{b}{a}.$$

Ferner ist der Flächeninhalt des Dreiecks $TR_a R_b$ einerseits gleich ab und andererseits, wenn k die kennzeichnende Strecke der Hyperbel ist, nach dem vorletzten Satz von Nr. 245 gleich $2\,k^2$. Also erhalten wir $ab = 2\,k^2$ und hieraus und aus (10)

(11) $$a^2 = 2\,k^2 \operatorname{ctg}\vartheta, \qquad b^2 = 2\,k^2 \operatorname{tg}\vartheta.$$

Ist nun P ein beliebiger Punkt der Hyperbel, so legen wir durch ihn die zu den Achsen parallelen Geraden $L_a L_b$, $L_a^* L_b^*$ und schneiden sie mit den Achsen in M und M^*. Dann können wir die Entwickelungen von Nr. 242 und die aus ihnen folgenden Gleichungen (7) und (7*) auf $L_a L_b$ und $L_a^* L_b^*$ anwenden; nur müssen wir jetzt bei $L_a^* L_b^*$ P statt P^* setzen und haben ferner, da $L_a L_b \parallel R_a R_b$, $L_a^* L_b^* \perp R_a R_b$ ist, $\alpha = \beta = 90° - \vartheta$, $\gamma = 2\vartheta$, $\alpha^* = \beta^* = \vartheta$. Deshalb wird mit Berücksichtigung von (11)

$$\frac{\sin\gamma}{\sin\alpha \cdot \sin\beta} = \frac{\sin 2\vartheta}{\cos^2\vartheta} = 2\,\mathrm{tg}\,\vartheta = \frac{b^2}{k^2},$$

$$\frac{\sin\gamma}{\sin\alpha^* \cdot \sin\beta^*} = \frac{\sin 2\vartheta}{\sin^2\vartheta} = 2\,\mathrm{ctg}\,\vartheta = \frac{a^2}{k^2}$$

und gehen die Gleichungen (7) und (7*) über in die Gleichungen

(12) $\qquad \overline{MP}^2 = \overline{ML_a}^2 - b^2 \qquad\qquad$ (12*) $\qquad \overline{M^*P}^2 = \overline{M^*L_a^*}^2 + a^2$.

Führen wir nun in Fig. 79 ein rechtwinkeliges Koordinatensystem ein, dessen x-Achse die Hauptachse und dessen y-Achse die Nebenachse der Hyperbel ist, so sind die Koordinaten des Punktes P je nach dem Winkelraum der Achsen, in dem er liegt, $x = + TM$ oder $x = -TM$ und $y = + MP$ oder $y = - MP$. Unabhängig von der Lage des Punktes P ist also $\overline{MP}^2 = y^2$ und, da aus der Ähnlichkeit der Dreiecke

TSR_a und TML_a $ML_a = \dfrac{b}{a} \cdot TM$ folgt, $\overline{ML_a}^2 = \dfrac{b^2 x^2}{a^2}$. Setzen wir diese

Werte in (12) ein, so erhalten wir eine Beziehung, die von den Koordinaten aller Punkte der Hyperbel erfüllt wird, d. h. *die Gleichung der Hyperbel*

(13) $\qquad\qquad\qquad \dfrac{x^2}{a^2} - \dfrac{y^2}{b^2} = 1$.

Genau dieselbe Gleichung finden wir auf Grund von (12*), wenn wir bedenken, daß $\overline{M^*P}^2 = x^2$, $\overline{TM^*}^2 = y^2$ und, da aus der Ähnlichkeit der

Dreiecke TSR_a und $L_a^* M^* T$ $M^*L_a^* = \dfrac{a}{b} \cdot TM^*$ folgt, $\overline{M^*L_a^*}^2 = \dfrac{a^2 y^2}{b^2}$

ist.

Die analytische Geometrie benützt zur Begriffsbestimmung der Hyperbel ihre Brennpunktseigenschaften und leitet aus ihnen dieselbe Gleichung (13) ab. Hieraus erkennen wir, daß wir der von uns in Nr. 240 eingeführten Kurve mit Recht den Namen Hyperbel beigelegt haben.

249. Ist in Fig. 79 $H_a H_b$ die zu P gehörige Tangente der Hyperbel $(t_a t_b; P)$, so tragen wir auf t_a die Strecke TH_b von T aus nach beiden Seiten ab — bis H und H^* — und erkennen sofort, daß die Achsen der Hyperbel als Winkelhalbierende von t_a und t_b die Mittelsenkrechten der Strecken $H_b H$ und $H_b H^*$ sind. Ziehen wir nun durch P *die Normale der Hyperbel*, d. h. die in P auf der Tangente $H_a H_b$ errichtete Senkrechte, so ist sie die Mittelsenkrechte der Strecke $H_a H_b$ (Nr. 245) und begegnet der Hauptachse in dem Mittelpunkt O des Kreises, der dem

Dreieck $H_a H_b H$, und der Nebenachse in dem Mittelpunkt O^* des Kreises, der dem Dreieck $H_a H_b H^*$ umgeschrieben ist. Deshalb sind die Fußpunkte L und L^* der aus O und O^* auf t_a gefällten Lote die Mitten der Seiten $H_a H$ und $H_a H^*$ jener Dreiecke, und hieraus folgt, daß

$$PL \parallel H_b H \parallel TO^* \text{ und } L \equiv L_a, \qquad PL^* \parallel H_b H^* \parallel TO \text{ und } L^* \equiv L_a^*$$

ist. Ferner haben wir $TL_a = TL_b$, $TL_a^* = TL_b^*$, also

$$\triangle TOL_a \cong \triangle TOL_b, \quad \triangle TO^*L_a^* \cong \triangle TO^*L_b^*$$

und finden, daß OL_b und $O^*L_b^*$ auf t_b senkrecht stehen. Mithin gilt, da für P jeder Punkt der Hyperbel genommen werden kann, der Satz:

Schneidet man die Normale, die eine Hyperbel in einem beliebigen Punkt P besitzt, mit den Achsen der Hyperbel und fällt aus den Schnittpunkten die Lote auf die Asymptoten, so liegen die Fußpunkte auf den Geraden, die durch P zu den Achsen parallel laufen.

Die Scheitelkrümmungskreise.

250. Auch für die Scheitel der Hyperbel können wir Krümmungskreise einführen. Ist in Fig. 79 P ein nahe am Scheitel S gelegener Punkt und N der Schnittpunkt der Scheiteltangente SR_a und der zu ihr senkrechten Geraden M^*P, so gehört zu S wie in Nr. 234 der Krümmungshalbmesser

$$\mathfrak{r} = \tfrac{1}{2} \lim \frac{\overline{NS}^2}{NP}.$$

Hierbei ist nach Nr. 248

$$\overline{NS}^2 = \overline{MP}^2 = y^2, \qquad NP = SM = TM - TS = x - a$$

und muß während des Grenzüberganges stets die Gleichung (13) erfüllt, also $y^2 = \dfrac{b^2}{a^2}(x^2 - a^2)$ sein. Deshalb erhalten wir

$$\mathfrak{r} = \tfrac{1}{2} \lim \frac{y^2}{x - a} = \tfrac{1}{2} \lim \frac{b^2}{a^2}(x + a)$$

und, da für die Vereinigung von P mit S $x = a$ wird,

$$(14) \qquad\qquad \mathfrak{r} = \frac{b^2}{a}.$$

Genau derselbe Krümmungshalbmesser ergibt sich für den anderen Scheitel S^*. Errichten wir nun in R_a auf t_a das Lot und schneiden es mit der Hauptachse in K, so folgt aus der Ähnlichkeit der Dreiecke $R_a SK$ und TSR_a, daß

$$SK : SR_a = SR_a : TS$$

oder

$$SK = \frac{b^2}{a} = \mathfrak{r}$$

ist. Also ist K der Mittelpunkt des Krümmungskreises von S und der zu ihm symmetrische Punkt K^* der Mittelpunkt des Krümmungskreises von S^*. Dies gibt den Satz:

Hat eine Hyperbel die Halbachse a und die halbe Scheiteltangente b, so sind die Krümmungshalbmesser für ihre Scheitel durch (14) gegeben. Um die Mittelpunkte der Scheitelkrümmungskreise zu finden, errichtet man auf einer Asymptote in ihrem Schnittpunkt mit einer Scheiteltangente das Lot und bestimmt den Punkt, in dem dieses Lot die Hauptachse trifft, sowie den zu ihm symmetrischen Punkt[1]).

Konstruktion der Hyperbel.

251. Unsere Entwickelungen führen zu der folgenden, durch Fig. 79 erläuterten Konstruktionsvorschrift:

Um eine Hyperbel $(t_a t_b; P)$ zu zeichnen, bestimmt man zunächst ihre Achsen als die Halbierenden der Scheitelwinkelpaare von t_a und t_b und auf der Hauptachse, die in demselben Scheitelwinkelpaar wie P liegt, die Scheitel nach der Vorschrift am Ende von Nr. 246. Darauf konstruiert man nach Nr. 250 die Mittelpunkte der Scheitelkrümmungskreise und zeichnet diese ein. Endlich legt man durch P eine Anzahl von Geraden, auf denen man nach dem zweiten Satz von Nr. 244 die zweiten auf ihnen liegenden Hyperbelpunkte aufsucht[2]), trägt die sämtlichen zu diesen Punkten symmetrischen Punkte ein und bestimmt wenigstens für die äußerste Gruppe von vier symmetrischen Punkten (U, U, U, U*) nach dem zweiten Satz von Nr. 245 und dem dritten Satz von Nr. 247 die Tangenten. Nunmehr kann man die Hyperbel nach dem letzten Absatz von Nr. 170 einzeichnen.*

Wir beobachten an Fig. 79, daß die Hyperbel an den Scheiteln am stärksten und bereits in geringer Entfernung von ihnen nur noch schwach gekrümmt ist; sie nähert ihren Verlauf demjenigen der Asymptoten an. Die Tangenten der Punkte U, U, U^*, U^* fallen auf ein beträchtliches Stück nahe mit der Kurve zusammen und geben deshalb ihren Verlauf gerade an den Enden der zu zeichnenden Bögen, an denen weitere Punkte das Auge nicht leiten können, besonders gut an.

252. Mitunter müssen die äußersten Punkte, bis zu denen die Hyperbel zu zeichnen ist, auf einer Geraden konstruiert werden, die zu einer der Achsen parallel ist. Wir kommen so zu den folgenden beiden Aufgaben.

Aufgabe: *Gegeben* sind die Asymptoten, Achsen und Scheitel einer Hyperbel sowie eine zu der Nebenachse parallele Gerade. *Gesucht* werden die Schnittpunkte dieser Geraden mit der Hyperbel.

---

[1]) Zu beachten sind Ähnlichkeit und Unterschied zwischen dieser Konstruktion und derjenigen, die für die Parabel den Mittelpunkt des Scheitelkrümmungskreises (Nr. 234) mit Hilfe des Brennpunktes (Nr. 232) liefert.

[2]) Am besten legt man die Geraden durch P so, daß die zweiten auf ihnen liegenden Hyperbelpunkte entweder auf derselben Seite der Nebenachse wie P und auf der anderen Seite der Hauptachse (vgl. Fig. 79) — oder auf derselben Seite der Hauptachse wie P und auf der anderen Seite der Nebenachse liegen.

Die gegebene Gerade möge (Fig. 79) die Hauptachse in V_0 und die Asymptoten in V_a und V_b treffen. Ist dann V_i einer der gesuchten Punkte, so gilt die Gleichung (12), wenn wir in ihr V_i statt P, V_0 statt M und V_b statt L_a einsetzen, also die Gleichung

$$\overline{V_0 V_i}^2 = \overline{V_0 V_b}^2 - b^2.$$

Die halbe Scheiteltangente $b = SR_a$ ist mit den Asymptoten, Achsen und Scheiteln der Hyperbel ebenfalls gegeben. Liegt nun $V_0 V_b$ außerhalb des durch die Scheiteltangenten begrenzten Streifens, so ist $V_0 V_b > b$; deshalb können wir in den Halbkreis über $V_o V_b$ die Sehne $V_0 V = b$ eintragen und haben in dem rechtwinkeligen Dreieck $V_o V V_b$

$$\overline{V_0 V}^2 = \overline{V_0 V_b}^2 - b^2 = \overline{V_0 V_i}^2.$$

Also gibt es auf der Geraden $V_a V_b$ zwei Punkte der Hyperbel, V_1 und V_2, die durch die Strecken $V_0 V_1 = V_0 V_2 = V_0 V$ bestimmt werden. — Ist $V_0 V_b \gtrless b$, d. h. ist die gegebene Gerade eine Scheiteltangente oder läuft sie zwischen den Scheiteln hindurch, so erhalten wir durch unsere Konstruktion $V_0 V = 0$ oder können die Konstruktion überhaupt nicht ausführen; die gegebene Gerade trägt nur einen Punkt der Hyperbel — den Scheitel, zu dem sie als Scheiteltangente gehört — oder gar keinen Punkt.

Aufgabe: *Gegeben* sind die Asymptoten, Achsen und Scheitel einer Hyperbel sowie eine zu der Hauptachse parallele Gerade. *Gesucht* werden die Schnittpunkte dieser Geraden mit der Hyperbel.

Die gegebene Gerade möge (Fig. 79) die Nebenachse in W_o und die Asymptoten in W_a und W_b treffen. Ist dann W_i einer der gesuchten Punkte, so gilt die Gleichung (12*), wenn wir in ihr W_i statt P, W_0 statt M^* und W_a statt L_a^* einsetzen, also die Gleichung

$$\overline{W_0 W_i}^2 = \overline{W_0 W_a}^2 + a^2.$$

Die Halbachse a ist mit den Scheiteln gegeben; daher können wir in W_a senkrecht zu $W_0 W_a$ die Strecke $W_a W = a$ antragen und haben in dem rechtwinkligen Dreieck $W_0 W_a W$

$$\overline{W_0 W}^2 = \overline{W_0 W_a}^2 + a^2 = \overline{W_0 W_i}^2.$$

Demnach gibt es auf der Geraden $W_a W_b$ stets zwei Punkte der Hyperbel, W_1 und W_2, die durch die Strecken $W_0 W_1 = W_0 W_2 = W_0 W$ bestimmt werden. (Dieser Vorgang ist eine Umkehrung der Konstruktion der Scheitel nach Nr. 247.)

Das affine Bild der Hyperbel.

253. Um zu erkennen, was für eine Kurve bei Parallelprojektion als Riß einer Hyperbel $(t_a t_b; P)$ entsteht, müssen wir — wie in Nr. 171 und in Nr. 236 ihr affines Bild untersuchen. Wir können dabei von dem letzten Satz von Nr. 244 ausgehen, nach dem wir stets einen Punkt X der Hyperbel $(t_a t_b; P)$ erhalten, wenn wir eine beliebige, t_a und t_b in L_a und L_b schneidende Gerade durch P legen und auf ihr nach der richtigen Seite hin $L_b X = L_a P$ auftragen. Sind nun in einer irgendwie bestimmten Affinität den Geraden t_a, t_b die Geraden $\mathfrak{t}_a$, $\mathfrak{t}_b$ und dem Punkt P der Punkt $\mathfrak{P}$ zugeordnet, so entsprechen (Nr. 119 und Nr. 120) den Punkten L_a, L_b, X drei Punkte $\mathfrak{L}_a$, $\mathfrak{L}_b$, $\mathfrak{X}$, die ebenfalls in gerader Linie liegen, von denen $\mathfrak{L}_a$ und $\mathfrak{L}_b$ den Geraden $\mathfrak{t}_a$ und $\mathfrak{t}_b$ angehören und für die $\mathfrak{L}_b\mathfrak{X} = \mathfrak{L}_a\mathfrak{P}$ ist. Deshalb ist $\mathfrak{X}$ ein Punkt der Hyperbel $(\mathfrak{t}_a\mathfrak{t}_b;\ \mathfrak{P})$, die durch die Asymptoten $\mathfrak{t}_a$, $\mathfrak{t}_b$ und durch den Punkt $\mathfrak{P}$ bestimmt ist. Bewegt sich X auf der Hyperbel $(t_a t_b;\ P)$, so durchläuft $\mathfrak{X}$ die Hyperbel $(\mathfrak{t}_a\mathfrak{t}_b;\ \mathfrak{P})$. Demnach erhalten wir den Satz:

Das affine Bild der Hyperbel $(t_a t_b;\ P)$ *ist die Hyperbel* $(\mathfrak{t}_a\mathfrak{t}_b;\ \mathfrak{P})$, *deren Asymptoten* $\mathfrak{t}_a$, $\mathfrak{t}_b$ *den Asymptoten* t_a, t_b *und deren Punkt* $\mathfrak{P}$ *dem Punkt* P *der ursprünglichen Hyperbel entsprechen.*

Auch hier müssen wir, wie in Nr. 172 und in Nr. 236, beachten, daß *Symmetrieachsen, Scheitel und Scheiteltangenten affiner Hyperbeln nur unter besonderen Bedingungen einander entsprechen.*

Die Hyperbel als Kegelschnitt dritter Art.

254. Aufgabe: *Gegeben* sind die Risse des Scheitels S und, in der Grundrißtafel liegend, der Leitkreis k_1 einer Kreiskegelfläche; ferner die erste Spur e_1 einer Ebene E in der Art, daß k_1 und e_1 sich in zwei Punkten begegnen. *Gefordert* wird die Wahl der zweiten Spur e_2 von E unter der Bedingung, daß E die Kreiskegelfläche in einer Hyperbel schneidet, und die Konstruktion der Risse dieser Hyperbel.

Wir legen Fig. 80 so an wie Fig. 65 (Nr. 220) und Fig. 74 (Nr. 237) und nehmen *zunächst e_1 senkrecht zu a_{12}*. Darauf legen wir eine zu e_1 parallele Gerade f_1 so hindurch, daß sie k_1 in zwei Punkten A_1', B_1' schneidet, und ziehen die zu e_1 und f_1 gehörigen zweiten Spuren so, daß f_2 durch S'' geht und $e_2 \parallel f_2$ ist. Nunmehr sind die durch e_1, e_2 und durch f_1, f_2 bestimmten Ebenen E, Φ einander parallel und so gestellt, daß in E nach Nr. 213 eine Hyperbel k entsteht. Der Aufriß k'' ist, wenn e_2 den Umrißlinien $S''C_1''$, $S''D_1''$ in

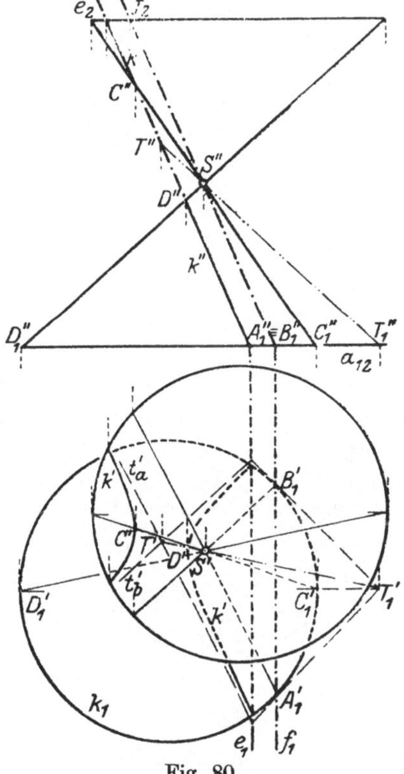

Fig. 80.

C'', D'' begegnet, nach Nr. 205 die Gerade e_2 außerhalb der Strecke $C'' D''$

Zur Konstruktion des Grundrisses k' verfahren wir nach der Vorschrift von Nr. 239: Wir bestimmen, wie ohne weiteres in Fig. 80 zu erkennen ist, die Risse der Punkte T_1 und T sowie eines Punktes der Hyperbel, etwa des auf SC_1 liegenden Punktes C. Ferner ziehen wir durch T' parallel zu $S'A_1'$ und $S'B_1'$ die Geraden t_a' und t_b', die sich mit $T_1'A_1'$ und $T_1'B_1'$ auf e_1 begegnen müssen. Dann ist k' nach Nr. 253 die Hyperbel $(t_a't_b';\ C')$ und als solche nach Nr. 251 einzutragen. Die Bögen, die von ihr zu zeichnen sind, enden in den Schnittpunkten zwischen e_1 und k_1 und in den Grundrissen der Schnittpunkte zwischen E und dem oberen Grenzkreis des Kegels.

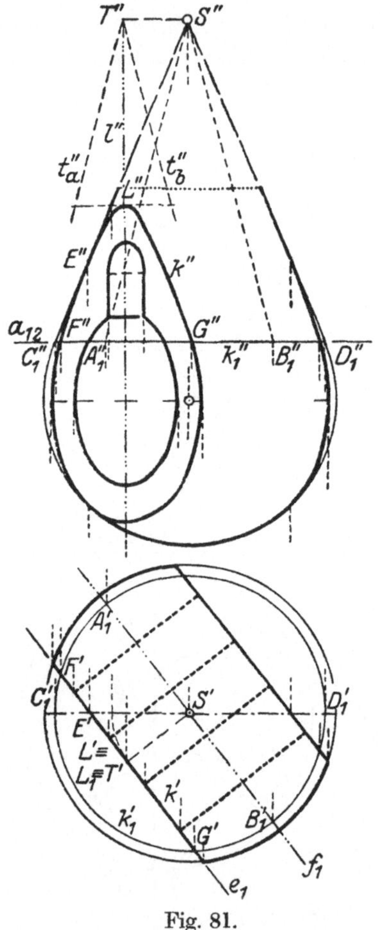

Fig. 81.

Wenn e_1 nicht zu a_{12} senkrecht ist, verfahren wir, wie dies am Schluß von Nr. 220 und von Nr. 237 angegeben ist. Statt jedoch diesen allgemeinen Fall, wie in Nr. 221 und in Nr. 238, am geraden Kreiskegel zu behandeln, wollen wir in Nr. 255 einen für die ·Anwendungen wichtigen Sonderfall betrachten.

255. Dieser Sonderfall ist der am Schluß von Nr. 239 erwähnte und tritt bei einer geraden Kreiskegelfläche ein, wenn sie auf der Grundrißtafel steht und wenn die Ebene E scheitelrecht ist. Dann sind die zu A_1 und B_1 gehörigen Tangenten des Leitkreises k_1 als wagerechte und zu f_1, also auch zu e_1, senkrechte Geraden Lote auf E und bestimmen mit dem Kegelscheitel S zwei Tangentialebenen der Kegelfläche, deren Schnittlinie ebenfalls ein Lot auf E ist. Diese Schnittlinie aber zeichnet (vgl. die letzten Absätze von Nr. 239 und Nr. 223) jetzt, da T_1 fehlt, in E den Asymptotenschnittpunkt T ein. T ist also der Fußpunkt des aus S auf E zu fällenden Lotes, und wir finden, da E scheitelrecht und ST wagerecht ist, den Grundriß T' als den Fußpunkt des Lotes, das wir aus S' auf e_1 fällen während im Aufriß die Gerade $S''T''$ wagerecht liegen muß. Da ferner der Grundriß der Hyperbel in e_1 enthalten ist, brauchen wir nur ihren Aufriß zu konstruieren und kommen so zu der

Aufgabe: *Gegeben* sind die Risse eines geraden Kreiskegels, der auf der Grundrißtafel steht (Nr. 206), und eine, seinen Leitkreis schneidende Gerade e_1 als erste Spur einer scheitelrecht stehenden Ebene E. *Gefordert* ist die Konstruktion des Aufrisses der Hyperbel, in der durch E der Kegel abgeschnitten wird.

Wir führen ihre Lösung aus an dem geraden Kreiskegel, der in Fig. 81 durch die Risse von S und k_1 gegeben ist, und benutzen dabei die Ebene von k_1 als Grundrißebene. Nehmen wir als die Ebene E die scheitelrechte Ebene, deren erste Spur e_1 ist, so müssen wir nach den vorangeschickten Erörterungen durch S' die Gerade f_1 parallel zu e_1 und die Gerade $S'T'$ senkrecht zu e_1 ziehen und mittels der Ordnungslinien aus den Punkten A_1', B_1', in denen f_1 und k_1' einander begegnen, auf $k_1'' \equiv a_{12}$ die Punkte A_1'', B_1'', aus dem Punkt T' aber auf der Wagerechten von S'' den Punkt T'' ableiten. Legen wir dann durch T'' die Parallelen zu $S''A_1''$ und $S''B_1''$, so haben wir nach Nr. 253 die Asymptoten t_a'', t_b'' der gesuchten Aufrißhyperbel k''. Der von ihr zu zeichnende Bogen endet in den Punkten F'', G'', die als Aufrisse zu den Schnittpunkten F', G' von e_1 und k_1' gehören, und kann nach der Vorschrift von Nr. 251 eingetragen werden. Er tritt, da die Strecke $F'G'$ sein Grundriß ist und durch den wagerechten Durchmesser $C_1'D_1'$ von k_1' in E' geschnitten wird, an die Umrißlinie $S''C_1''$ berührend in dem Punkt E'' heran, der auf ihr durch die Ordnungslinie von E' eingezeichnet wird (Nr. 205).

Eine Vereinfachung der Konstruktion ist bei der Aufsuchung des Scheitels von k'' möglich. Da nämlich das Dreieck $A_1''S''B_1''$ gleichschenkelig ist und eine scheitelrechte Höhe hat, hälftet die durch T'' gehende scheitelrechte Gerade l'' den Winkel zwischen t_a'' und t_b'', in dem k'' enthalten ist, und ist deshalb die Hauptachse von k''. l'' ist aber Aufriß einer scheitelrechten und in der Ebene E liegenden Geraden l, deren erster Spurpunkt $L_1 \equiv T'$ ist, und der Punkt L, in dem L den Kegelmantel durchstößt, ein Punkt von k. Konstruieren wir daher nach der zweiten Aufgabe von Nr. 208 den Aufriß L'' von L, so erhalten wir einen auf l'' liegenden Punkt von k'', d. h. den gesuchten Scheitel, und zwar ohne die Hilfskonstruktion von Nr. 246 anwenden zu müssen. Wir bemerken dabei, daß l Hauptachse und L Scheitel der Hyperbel k selbst sind und daß somit hier einer der besonderen, am Ende von Nr. 253 erwähnten Fälle vorliegt.

256. Für den Körper, der in Fig. 81 aus dem geraden Kreiskegel durch E abgeschnitten wird, bildet der Bogen $E''F''$ einen Teil des scheinbaren Umrisses. Der Körper wird außerdem noch durch eine zweite Ebene, die zu E parallel in gleichem Abstande von S verläuft, abgeschnitten; von der hier entstehenden Hyperbel kommt nur das Stück zum Vorschein, das auf der rechten Seite dem Bogen $E''F''$ entspricht. Ferner setzt sich an den Körper unterhalb von k_1 das durch dieselben Ebenen abgeschnittene Stück der Kugel an, die längs k_1 die gerade Kreiskegelfläche berührt (Nr. 210). Dabei treten im Aufriß Ellipsenbögen auf, die nach Nr. 197 zu konstruieren sind und in den Punkten von k_1'' berührend in die Hyperbelbögen übergehen. Da nämlich die gerade Kreiskegelfläche und die Kugel in jedem Punkt von k_1 dieselbe Tangentialebene besitzt, schneidet z. B. die zu G gehörige Tangentialebene in E sowohl die Tangente der Hyperbel k als auch die Tangente des in E liegenden Kreises der Kugel ein, und folglich besitzen auch die Aufrißhyperbel k'' und die Aufrißellipse in G'' dieselbe Tangente.

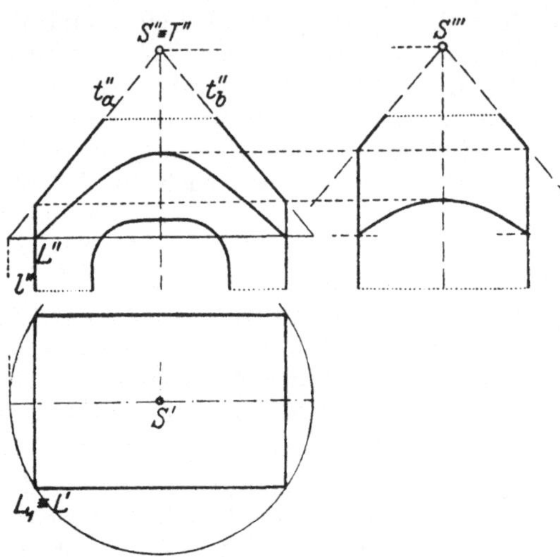

Fig. 82.

Fügen wir noch die zylindrischen Bohrungen hinzu, deren Risse in Fig. 81 nach Nr. 188 eingetragen sind, so entsteht — innerhalb der stark ausgezogenen Umrißlinien — ein *Schubstangenkopf*, der nach oben hin durch eine schmale Hohlkehle in die zylindrische *Schubstange* übergeführt wird. Das andere Ende der Schubstange trägt eine *Gabel*, für die der Übergang von dem kreisförmigen zu dem rechteckigen Querschnitt durch einen geraden Kreiszylinder vermittelt wird. Dieser Teil der Gabel ist in Fig. 82 dargestellt, wobei die besondere Lage gegen die Rißtafeln ohne weiteres ersichtliche Vereinfachungen bei der Aufsuchung der Asymptoten und der Scheitel der Hyperbeln ergibt. Ganz ähnlich ist zu verfahren bei der *Schraubenmutter*, einem regelmäßigen sechsseitigen Prisma, dessen Ecken abgestumpft werden durch zwei gerade Kreiskegel mit derselben Drehachse und mit einem halben Öffnungswinkel von 60°.

Raumkurven.

I. Drehflächen.

Krumme Flächen und Raumkurven.

257. Zylinderflächen, Kegelflächen und Kugeln sind die einfachsten Beispiele *krummer Flächen*. Wir müssen auch andere krumme Flächen, die ebenfalls einfache geometrische Begriffsbestimmungen besitzen, in den Kreis unserer Untersuchungen ziehen. Gleichzeitig erweitern wir den Begriff der Kurven, die wir bisher immer als in einer Ebene liegend vorausgesetzt haben. Auch auf einer krummen Fläche können nach irgendwelchen Gesetzen Kurven gezogen werden, und eine solche Kurve braucht nicht gleichzeitig — wie z. B. die Kegelschnitte — in einer Ebene enthalten zu sein. Kurven dieser Art können wir uns auch selbständig, frei im Raume schwebend vorstellen und nennen sie *Raumkurven*, auch *räumliche* oder *doppelt gekrümmte Kurven*. Die ebenen Kurven sind nur ein Sonderfall von ihnen, und *wir sprechen fortan von Kurven schlechthin, sobald es nicht nötig ist, einen Unterschied zwischen ebenen und räumlichen Kurven zu machen.*

Der Begriff der *Tangente* kann mit genau denselben Worten, wie in Nr. 141 für die ebenen Kurven, auch für die Raumkurven eingeführt werden. Ebenso gelten unverändert die Sätze von Nr. 184, Nr. 192 und Nr. 201 auch für Raumkurven, die auf Zylinderflächen, Kugeln oder Kegelflächen liegen. Überhaupt können wir in derselben Weise wie in Nr. 184 die Tangenten der ebenen und der räumlichen Kurven, die auf einer krummen Fläche durch denselben Punkt gehen, untersuchen; bei den Flächen, mit denen wir es zu tun haben, ergibt sich dabei in jedem Punkte — abgesehen vielleicht von einzelnen Ausnahmepunkten — wie in Nr. 184 eine *Tangentialebene*. Wir beschränken uns also von vornherein auf solche krummen Flächen, für die wir aus ihrer geometrischen Begriffsbestimmung den Satz beweisen können:

Alle Kurven, die auf einer krummen Fläche durch einen gewöhnlichen Punkt laufen, haben in diesem Punkte Tangenten, die in der zugehörigen Tangentialebene der Fläche liegen.

Eine Gerade, die durch einen gewöhnlichen Punkt einer krummen Fläche geht und in der zugehörigen Tangentialebene enthalten ist, berührt stets Kurven, die auf der Fläche durch den Punkt laufen; wir nennen sie eine *Tangente der krummen Fläche.*

258. Bei jeder Projektion ist der Riß einer Raumkurve c eine ebene Kurve $\bar{c}$. Wenn nicht der Sonderfall eintritt, daß c eine ebene Kurve ist, kann $\bar{c}$ nicht in einer Geraden enthalten sein. Wohl aber kann es einen Projektionsstrahl — oder auch mehrere — geben, der zwei getrennte Punkte P, Q von c trifft; dann hat $\bar{c}$ in dem gemeinsamen Riß $\bar{P} \equiv \bar{Q}$ einen Knoten (Nr. 141), ohne daß c selbst einen solchen besitzt, und wir sprechen infolgedessen von einem *scheinbaren Knoten* (vgl. z. B. Fig. 84).

Nähert sich auf c ein Punkt X einem Punkt P, so rückt auf $\bar{c}$ sein Riß $\bar{X}$ an den Bildpunkt $\bar{P}$ heran, und es fallen die Geraden PX und $\bar{P}\bar{X}$ gleichzeitig mit ihren Grenzlagen, der Tangente t von c in P und der Tangente von $\bar{c}$ in P, zusammen. Also muß die Bildgerade $\bar{t}$ von t die zu $\bar{P}$ gehörige Tangente von $\bar{c}$ sein, wenn $\bar{t}$ überhaupt vorhanden, d. h. wenn nicht zufällig t zu den Projektionsstrahlen parallel ist. In diesem Ausnahmefall können wir über die Gestaltung von $\bar{c}$ in der Nähe des Punktes $\bar{P}$ vorläufig nichts aussagen (vgl. später Nr. 293 und Nr. 328) und begnügen uns deshalb mit dem Satz:

Jeder Punkt einer Raumkurve und die in ihm berührende Tangente haben — außer wenn die Tangente den Projektionsstrahlen parallel ist — zu Rissen einen Punkt der Bildkurve und die zu ihm gehörige Tangente.

Eine Raumkurve kann ebenso wie eine ebene Kurve Ausnahmepunkte besitzen, wie Knicke oder Knoten (Nr. 141) oder Spitzen (Nr.156). Wenden wir die soeben angestellte Überlegung auf einen solchen Punkt einer ebenen oder räumlichen Kurve an, so finden wir den Satz:

Besitzt eine Kurve einen Knick oder einen Knoten oder eine Spitze, so überträgt sich dieser Ausnahmepunkt nebst seinen Tangenten — außer wenn eine dieser Tangenten den Projektionsstrahlen parallel ist — auf die Bildkurve als gleichartiger Ausnahmepunkt mitsamt den zugehörigen Tangenten.

Wir denken uns nun die Raumkurve c im rechtwinkligen Zweitafelsystem projiziert. Wenn dann c eine Tangente t besitzt, die mit der Rißachse a_{12} einen rechten Winkel bildet, so fallen die Risse t', t'' in dieselbe Ordnungslinie [1, 2], so daß diese eine gemeinsame Tangente der Bildkurven c' und c'' ist. Hieraus folgt für zwei aneinander anschließende rechtwinklige Risse derselbe Satz wie in Nr. 177, nämlich:

Ist eine Ordnungslinie Tangente des einen Risses einer Raumkurve, so berührt sie auch den anderen Riß.

Eine Ausnahme kann dadurch entstehen, daß die Tangente t zu der einen Rißtafel senkrecht steht und infolgedessen für die Bildkurve in dieser Tafel keine bestimmte Tangente liefert.

259. Das bekannte Gesetz, nach dem das Spiegelbild einer Figur hergestellt wird, führt — wie in Nr. 132 zu symmetrisch liegenden Figuren einer Ebene — zu *räumlichen Figuren, die zueinander in bezug auf eine Ebene Σ symmetrisch sind*: Die Strecke, die einen Punkt P_1

der einen von zwei solchen Figuren mit dem entsprechenden Punkt P_2 der anderen Figur verbindet, steht in ihrem Mittelpunkt auf Σ senkrecht; und einer durch P_1 gehenden Geraden g_1 der ersten Figur entspricht in der anderen Figur die Gerade g_2, die durch P_2 geht und sich mit g_1 in einem Punkt von Σ begegnet oder, falls $g_1 \parallel \Sigma$, zu g_1 parallel ist. Zwei solche Figuren stehen in einer geometrischen Verwandtschaft, einer *Spiegelung an einer Ebene*, die (vgl. Nr. 132) ein Sonderfall der Erweiterung der von uns behandelten ebenen Affinität auf den Raum, der *räumlichen Affinität*, ist.

Wenn eine räumliche Figur durch eine Ebene Σ in zwei Teile zerfällt, von denen jeder das Spiegelbild des anderen in bezug auf Σ ist, so ist Σ eine *Symmetrieebene* der Figur. Ohne weiteres leuchtet die Richtigkeit der folgenden Sätze ein:

Eine Ebene Σ, die auf einer Ebene E senkrecht steht, ist Symmetrieebene für jede ebene Figur, die in E liegt und die Schnittgerade von E und Σ zur Symmetrieachse hat.

Besitzt eine ebene Figur eine Symmetrieebene, so zeichnet diese in die Ebene der Figur eine Symmetrieachse derselben ein.

Eine schiefe Kreiszylinder- oder Kreiskegelfläche hat die Ebene, die durch ihre Mittellinie geht und auf der Leitkreisebene senkrecht steht, zur Symmetrieebene.

Es sei nun Σ die Symmetrieebene einer krummen Fläche, E eine zu Σ senkrechte Ebene und P_1 ein Punkt der Kurve s, die durch E aus der krummen Fläche ausgeschnitten wird. Der zu P_1 symmetrische Punkt P_2 der Fläche ist, da die Strecke $P_1 P_2$ auf Σ senkrecht steht, auch in E enthalten und somit ein Punkt von s. Das heißt:

Besitzt eine krumme Fläche eine Symmetrieebene Σ, so ist Σ auch Symmetrieebene für jede Kurve, die aus der Fläche durch eine zu Σ senkrechte Ebene ausgeschnitten wird.

260. Wenn eine Raumkurve eine Symmetrieebene hat, so nennen wir jeden Punkt, in dem sie dieselbe durchbohrt, einen *Scheitel* der Kurve und kommen ebenso wie in Nr. 156 zu dem Satz:

Eine Raumkurve besitzt in einem Scheitel eine zu der Symmetrieebene senkrechte Tangente.

Der Umstand, daß eine Raumkurve eine Symmetrieebene Σ hat, wirkt in zwei Fällen bemerkenswert auf ihre Bildkurve ein.

Erstens: Wenn Σ zu einer Rißtafel parallel ist, steht die Verbindungsgerade je zweier symmetrischen Punkte P_1, P_2 auf dieser Rißtafel senkrecht, so daß die Risse von P_1 und P_2 zusammenfallen. Hieraus folgt:

Wird eine Raumkurve, die eine Symmetrieebene Σ besitzt, rechtwinklig auf eine zu Σ parallele Tafel projiziert, so ist jeder Punkt der Bildkurve der Riß von zwei Punkten der Raumkurve.

Zweitens: Wenn Σ zu einer Rißtafel senkrecht steht, so haben alle Punkte von Σ ihre Risse in der Spur von Σ, und alle zu Σ senkrechten

Geraden bilden sich ab in Lote der Spur. Deshalb ist diese Spur Mittelsenkrechte für den Riß jeder Strecke, die zwei symmetrische Punkte der Raumkurve verbindet, und dies ergibt den Satz:

Wird eine Raumkurve, die eine Symmetrieebene Σ besitzt, rechtwinklig auf eine zu Σ senkrechte Tafel projiziert, so ist die Spur von Σ Symmetrieachse der Bildkurve. Jeder in Σ liegende Scheitel der Raumkurve führt zu einem Scheitel der Bildkurve.

Der letzte Satz hat auch für ebene Kurven Bedeutung; doch tritt bei ihnen noch eine Erweiterung hinzu: Besitzt eine ebene Kurve eine Symmetrieachse und wird sie rechtwinklig auf eine zu der Symmetrieachse parallele Tafel projiziert, so ist die Bildgerade der Symmetrieachse nach Nr. 51 die Mittelsenkrechte für die Risse aller Strecken, die je zwei symmetrische Punkte der Kurve verbinden. Das heißt:

Wird eine ebene Kurve, die eine Symmetrieachse hat, auf eine zu dieser parallele Tafel rechtwinklig projiziert, so ist die Bildgerade der Symmetrieachse eine Symmetrieachse für die Bildkurve.

Die letzten beiden Sätze umfassen die Fälle, in denen bei rechtwinkliger Projektion eine Achse eines Kegelschnittes ausnahmsweise (vgl. Nr. 172, Nr. 236, Nr. 253) eine Achse des Bildkegelschnittes zum Riß hat.

Breitenkreise und Meridiane einer Drehfläche.

261. Wird eine Kurve um eine fest mit ihr verbundene Gerade, die *Drehachse* m, herumgedreht, so überstreicht sie eine Fläche, die wir als *Drehfläche* bezeichnen. Ist P ein Punkt der gedrehten Kurve und PM das aus P auf m gefällte Lot, so ergibt sich wie in Nr. 108, daß P bei der Drehung einen Kreis beschreibt, dessen Ebene auf m senkrecht steht und dessen Mittelpunkt M, dessen Halbmesser MP ist. Von diesen Kreisen, den *Breitenkreisen*, wird die Drehfläche überzogen, so daß der Satz gilt:

Durch jeden Punkt einer Drehfläche geht ein Breitenkreis, ausgeschnitten von der Ebene, die durch den Punkt senkrecht zu der Drehachse gelegt werden kann.

Denken wir uns nun die Drehfläche als Ganzes um ihre Drehachse m gedreht, so läuft jeder ihrer Punkte auf seinem Breitenkreise. Also dreht sich die Fläche in sich selbst und kann, wenn wir auf ihr eine beliebige Kurve zeichnen, auch aufgefaßt werden als die Fläche, die von dieser Kurve bei der Drehung überstrichen wird. Nehmen wir insbesondere eine *Meridiankurve* — d. h. die Schnittkurve der Drehfläche mit einer Ebene, die durch m geht und *Meridianebene* heißen möge, — so ergeben sich ohne weiteres die Sätze:

Durch jeden Punkt einer Drehfläche geht eine Meridiankurve, ausgeschnitten durch die Meridianebene, die durch den Punkt und die Drehachse gelegt werden kann.

Die Meridiankurven einer Drehfläche sind einander kongruent und können aufgefaßt werden als die verschiedenen Lagen einer von ihnen, durch deren Drehung die Fläche erzeugt wird.

262. Jede Meridianebene M einer Drehfläche steht senkrecht auf allen zu der Drehachse senkrechten Ebenen und schneidet sie in Durchmessern der in ihnen liegenden Breitenkreise. Also ist M nach dem ersten Satz von Nr. 259 eine Symmetrieebene für alle Breitenkreise und somit für die ganze Drehfläche. Nach dem letzten Satz von Nr. 259 hat auch die Meridiankurve, deren Ebene zu M senkrecht steht, in M eine Symmetrieebene und folglich auf Grund des zweiten Satzes von Nr. 259 in der Drehachse eine Symmetrieachse. Deshalb gilt der Satz:

Für eine Drehfläche ist jede Meridianebene Symmetrieebene, und für jede ihrer Meridiankurven ist die Drehachse Symmetrieachse.

Infolgedessen kommt eine Meridiankurve bereits nach einer Drehung von 180° in eine Lage, die sich mit ihrer Ausgangslage deckt; sie überstreicht also schon im Verlauf einer *halben Umdrehung* die ganze Drehfläche. *Die gerade Kreiszylinder- oder Kreiskegelfläche* z. B. entsteht durch eine volle Umdrehung (um 360°) einer Geraden g um eine Achse m, zu der g parallel ist oder die von g geschnitten wird, und durch eine halbe Umdrehung des als Meridiankurve auftretenden Geradenpaares, das durch g und die zu g in bezug auf m symmetrische Gerade gebildet wird. Lassen wir ferner einen Kreis sich um einen seiner Durchmesser drehen, so ergibt sich als Drehfläche eine Kugel, und zwar bereits während einer halben Umdrehung. Zugleich finden wir, da alle Großkreise einer Kugel einander kongruent sind, den Satz:

Die Kugel ist eine Drehfläche, als deren Drehachse man jeden ihrer Durchmesser ansehen kann.

Wenn zwei Drehflächen die Drehachse m gemeinsam haben, so trägt jede durch m gelegte Ebene M von jeder der Flächen eine Meridiankurve — k und k^* —, die beide m zur Symmetrieachse haben. Ein Punkt P_1 von M, der auf beiden Flächen zugleich liegt, muß ein Schnittpunkt von k und k^* sein, und der Punkt P_2, der in bezug auf m das Spiegelbild von P_1 ist, gehört ebenfalls sowohl den beiden Flächen als auch den beiden Kurven k und k^* an. Die Punkte P_1 und P_2 bestimmen (vgl. den Anfang von Nr. 209) durch die Ebene, die durch sie senkrecht zu m geht, und durch die Lote, die aus ihnen auf m zu fällen sind, einen einzigen Kreis, der für beide Drehflächen nach dem ersten Satz von Nr. 261 der Breitenkreis ist, auf dem sie liegen. Deshalb haben die beiden Drehflächen diesen Breitenkreis gemeinsam. Da dasselbe für alle Schnittpunkte von k und k^* gilt, ergibt sich der Satz:

Zwei Drehflächen mit gemeinsamer Drehachse durchdringen sich in eben soviel Breitenkreisen, als ihre in derselben Ebene liegenden Meridiankurven Paare symmetrischer Schnittpunkte besitzen.

Insbesondere von Bedeutung ist dieser Satz für *eine Drehfläche und eine Kugel, deren Mittelpunkt auf der Drehachse der Drehfläche liegt.*

Die Tangentialebenen einer Drehfläche.

263. Wir denken uns auf einer Drehfläche durch einen ihrer Punkte, P, eine beliebige Kurve c gezogen und nehmen, um ihre zu P gehörige Tangente zu bestimmen, auf ihr einen nahe an P gelegenen Punkt X an. Dann gehen [Fig. 83[1])] nach Nr. 261 durch P und X zwei Breitenkreise b und b_1, deren Mittelpunkte M und M_1 seien, und zwei Meridiankurven k und k_1, die mit b und b_1 außer P und X noch die nahe an P gelegenen Punkte Y und Z gemeinsam haben. Die Breitenkreishalbmesser MP und M_1Z sind parallel als Lote von m, die in der Ebene von k liegen; ebenso die Halbmesser MY und M_1X als Lote von m, die in der Ebene von k_1 liegen. Folglich sind auch die dritten Seiten PY und ZX der beiden gleichschenkeligen Dreiecke MPY und M_1ZX einander parallel; sie bestimmen also eine Ebene E, in der die Punkte

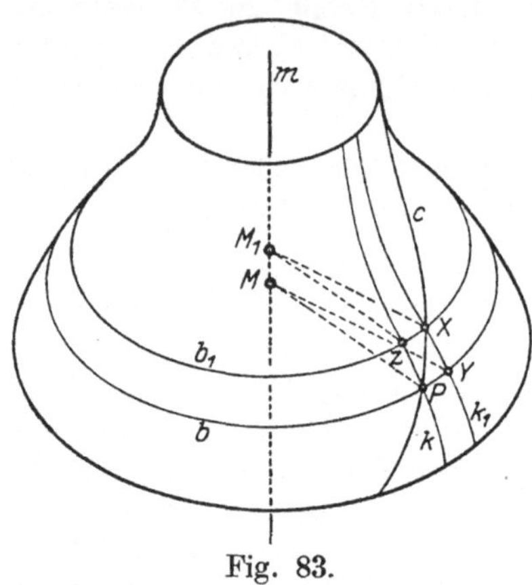

Fig. 83.

P, X, Y, Z und die Geraden PX, PY, PZ enthalten sind. Wenn wir nun X auf c verschieben und dabei Y auf b und Z auf k in der Weise mitnehmen, daß Y stets auf der Meridiankurve und Z stets auf dem Breitenkreis von X liegt, so drehen sich PX, PY, PZ um P und bleiben dabei stets in der Ebene E, die sich ebenfalls um P dreht. Nähert sich X unbegrenzt dem Punkt P, so tun Y und Z dasselbe, und die Geraden PX, PY, PZ nehmen gleichzeitig ihre Grenzlagen an, die die zu P gehörigen Tangenten von c, b, k sind. Mithin müssen auch diese Tangenten in einer Ebene liegen, nämlich in der von E angenommenen Grenzlage. Selbstverständlich ist hierbei vorausgesetzt, daß P weder für c noch für k ein Ausnahmepunkt ist. Da c eine beliebige auf der Drehfläche durch P gelegte Kurve war, können wir also sagen:

In jedem gewöhnlichen Punkt einer Drehfläche gilt der Satz von Nr. 257. Die zu dem Punkt gehörige Tangentialebene ist bestimmt durch seine Breitenkreistangente und durch seine Meridiantangente.

264. Die Tangente, die in einem Punkt P den Breitenkreis b einer Drehfläche berührt, steht senkrecht auf dem nach P gehenden Halb-

---

[1]) In Fig. 83 ist, da es sich nur um die Veranschaulichung handelt, die Drehfläche mit den hier in Betracht kommenden Linien durch einen einzigen Riß dargestellt, gegen dessen Tafel die Drehachse geneigt ist.

messer von b und — als Gerade der Ebene von b — auf der Drehachse, folglich auch auf der durch P gehenden Meridianebene M, die diese beiden Geraden enthält. Da P ein beliebiger Punkt der in M liegenden Meridiankurve k ist, sind in allen Punkten von k die zugehörigen Breitenkreistangenten Lote von M; sie bilden deshalb eine Zylinderfläche mit der Leitkurve k. Die in P berührenden Tangenten von b und k bestimmen sowohl die zu P gehörige Tangentialebene dieser Zylinderfläche (Nr. 184) als auch die zu P gehörige Tangentialebene der Drehfläche (Nr. 263), so daß die beiden Tangentialebenen zusammenfallen. Da nun Flächen, die in einem gemeinsamen Punkt dieselbe Tangentialebene besitzen, sich in diesem Punkt berühren (Nr. 210), können wir den Satz aussprechen:

Die Breitenkreistangenten einer Drehfläche, die zu den Punkten einer Meridiankurve gehören, stehen senkrecht auf der Ebene der Meridiankurve und bilden eine Zylinderfläche, die längs der Meridiankurve die Drehfläche berührt.

Die Tangente t, die in einem Punkt P die Meridiankurve k einer Drehfläche berührt, liegt in der Meridianebene von P und schneidet die Drehachse oder ist ihr parallel. Sie nimmt, wenn wir die Fläche durch Umdrehung von k erzeugen, an dieser Drehung teil und überstreicht (Nr. 262) eine gerade Kreiskegel- oder Kreiszylinderfläche, die mit der Drehfläche die Drehachse und den von P durchlaufenen Breitenkreis b gemeinsam hat. Für diese ergibt sich, wie soeben, daß sie in jedem Punkt von b dieselbe Tangentialebene wie die Drehfläche besitzt. Das heißt:

Die Meridiantangenten einer Drehfläche, die zu den Punkten eines Breitenkreises gehören, bilden eine gerade Kreiskegel- oder Kreiszylinderfläche, die dieselbe Drehachse wie die Drehfläche besitzt und die Drehfläche längs des Breitenkreises berührt.

265. Wir betrachten nun gleichzeitig eine Drehfläche und die gerade Kreiskegelfläche, die sie längs eines Breitenkreises b berührt. Die letztere wird nach dem dritten Satz von Nr. 210 längs b von einer Kugel berührt, deren Mittelpunkt O auf der gemeinsamen Drehachse m liegt. In jedem Punkt P von b besitzen die Drehfläche und die Kugel dieselbe Tangentialebene — nämlich diejenige, die sie mit der geraden Kreiskegelfläche gemeinsam haben, — und berühren infolgedessen ebenfalls einander längs b. Als Halbmesser der Kugel steht OP senkrecht auf der durch P gehenden Erzeugenden t der geraden Kreiskegelfläche; da aber t Tangente der durch P gehenden Meridiankurve k der Drehfläche ist, erweist sich OP als zu P gehörige Normale von k. Dasselbe gilt auch, wenn eine gerade Kreiszylinderfläche die Kreiskegelfläche ersetzt, und somit folgt der Satz:

Eine Drehfläche wird längs jedes Breitenkreises von einer Kugel berührt, deren Mittelpunkt der Schnittpunkt der Drehachse mit den zu dem Breitenkreis gehörigen Meridiannormalen ist.

Wir haben bisher stillschweigend vorausgesetzt, daß die Meridiantangente t nicht auf der Drehachse m senkrecht steht. Ist dies jedoch in einem Punkt P der Fall, so enthält die Ebene des durch P gehenden Breitenkreises b alle Lagen, die t bei der Drehung um m annimmt; sie ist deshalb zugleich für alle Punkte von b Tangentialebene der Drehfläche und ersetzt die berührende gerade Kreiskegelfläche. Wir nennen b in diesem Fall einen *Breitenkreis mit fester Tangentialebene.*

Die Umrisse einer krummen Fläche.

266. In Nr. 186, Nr. 193 und Nr. 204 haben wir die Umrisse der Zylinderflächen, der Kugel und der Kegelflächen untersucht. Wir haben den wahren Umriß als Grenze zwischen dem sichtbaren und dem unsichtbaren Teil der Fläche eingeführt und gefunden, daß in jedem seiner Punkte die Fläche von einem Projektionsstrahl berührt wird. Der scheinbare Umriß ergab sich dann als Riß des wahren Umrisses und als Grenze des Fleckes, den das Bild der Fläche auf der Rißtafel einnimmt. Um diese Begriffe nun für alle krummen Flächen anwenden zu können, müssen wir sie zunächst schärfer fassen, als es bisher nötig war.

Wir verstehen unter dem „wahren Umriß" einer krummen Fläche nur die Grenze zwischen ihren sichtbaren und ihren unsichtbaren Teilen und unter dem „scheinbaren Umriß" nur die Begrenzung ihres Bildfleckes in der Rißtafel. Dagegen bezeichnen wir als „Kurve des wahren Umrisses" die Kurve u, in deren Punkten die zugehörigen Tangentialebenen den Projektionsstrahlen parallel sind, und als „Kurve des scheinbaren Umrisses" die Kurve $\bar{u}$, in die u bei der gegebenen Projektionsrichtung abgebildet wird.

Liegt auf der krummen Fläche eine ebene oder räumliche Kurve c und begegnet sie der Kurve u in einem Punkt P, so sind die zu P' gehörigen Tangenten von c und u in der Tangentialebene enthalten, die in P die Fläche berührt. Da diese Tangentialebene den Projektionsstrahlen parallel steht, ist ihre Spur der gemeinsame Riß der beiden Tangenten, solange keine von ihnen selbst die Projektionsrichtung besitzt. Also folgt der Satz:

Der Riß einer Kurve c, die auf einer krummen Fläche verläuft, berührt die Kurve des scheinbaren Umrisses in dem Riß eines jeden Punktes, in dem c die Kurve des wahren Umrisses schneidet, ohne daß in diesem Punkt die Tangente einer der beiden Kurven zu den Projektionsstrahlen parallel ist.

267. Durch jeden Punkt der Kurve u des wahren Umrisses geht auf Grund ihrer Begriffsbestimmung ein Projektionsstrahl, der in der zugehörigen Tangentialebene liegt und somit Tangente der Fläche (Nr. 257) ist. Diese Projektionsstrahlen bilden eine Zylinderfläche, als deren Leitkurve wir die Kurve u, auch wenn sie nicht eben ist, ansehen können; sie zeichnet in die Rißtafel die Bildkurve u von u ein. Wenn u in Teile zerfällt und in einem der Teile zu allen Punkten dieselbe Tangentialebene der Fläche gehört, so tritt diese Tangentialebene für den betreffenden Teil von u an die Stelle der Zylinderfläche. In jedem Punkt von u nun, der nicht in einem solchen Teil liegt, bestimmen der durch ihn gehende Projektionsstrahl und die in ihm berührende Tangente von u sowohl die Tangentialebene der gegebenen krummen Fläche als auch die Tangentialebene der Zylinderfläche, so daß die beiden Tangentialebenen übereinstimmen. Deshalb dürfen wir sagen:

Eine krumme Fläche wird längs der Kurve des wahren Umrisses von einer — unter Umständen auch ebene Teile enthaltenden — Zylinderfläche berührt, deren Erzeugende Projektionsstrahlen sind und die in die Rißtafel die Kurve des scheinbaren Umrisses einschneidet.

Wir wiederholen nun für diese Zylinderfläche die Überlegungen, die wir in Nr. 186 für die Tangentialebenen $(u\,\bar{u})$ und $(v\,\bar{v})$ einer Kreiszylinderfläche angestellt haben. Dadurch erkennen wir folgendes: Die sichtbaren und die unsichtbaren Teile der krummen Fläche können nur längs der Kurve des wahren Umrisses zusammenstoßen; und als Grenze des Fleckes, auf den das Bild der krummen Fläche in der Rißtafel fällt, kommt nur die Kurve des scheinbaren Umrisses in Frage. *Aber darum dürfen wir nicht behaupten, daß die Kurven des wahren und des scheinbaren Umrisses stets in ihrer ganzen Erstreckung als wahrer und als scheinbarer Umriß wirksam sein müssen. Auch braucht der scheinbare Umriß sich nicht immer mit dem Riß des wahren Umrisses vollständig zu decken.* Die Drehflächen bieten bequeme Beispiele dar, die dies zeigen.

268. In der *Grundstellung einer Drehfläche*, bei der im rechtwinkligen Zweitafelsystem die Drehachse m auf der Grundrißtafel senkrecht steht, haben die Breitenkreise zu Grundrissen ihnen kongruente Kreise, deren gemeinsamer Mittelpunkt der erste Spurpunkt M_1 von m ist, und zu Aufrissen wagerechte Strecken, deren Mitten auf der Bildgeraden m'' von m liegen. Die Grundrisse der Meridiankurven sind in den Geraden enthalten, die durch M_1 laufen. Für die Meridiankurve k_0, deren Ebene der Aufrißtafel parallel ist und deren Grundriß k_0' in der wagerechten Geraden durch M_1 liegt, ist der Aufriß k_0'' eine zu ihr kongruente Kurve, die m'' zur Symmetrieachse hat.

Besitzt die Drehfläche einen Breitenkreis mit berührender Kreiszylinderfläche (vgl. den zweiten Satz in Nr. 264), so sind deren Erzeugende senkrecht zu der Grundrißtafel. Dagegen stehen die Erzeugenden der Zylinderfläche, die längs der Meridiankurve k_0 die Drehfläche berührt, nach dem ersten Satz von Nr. 264 auf der Aufrißtafel senkrecht. Ferner ist, wenn die Drehfläche einen Breitenkreis mit fester Tangentialebene besitzt, auch diese Tangentialebene zu der Aufrißtafel senkrecht. Hieraus folgt nach Nr. 266 und Nr. 267 der Satz:

*Bei einer in Grundstellung befindlichen Drehfläche besteht die **Kurve des wahren Umrisses** für den Grundriß aus den Breitenkreisen, in deren Punkten die Meridiantangenten der Drehachse parallel sind, dagegen für den Aufriß aus der Meridiankurve, deren Ebene der Aufrißtafel parallel ist, und aus etwa vorhandenen Breitenkreisen mit fester Tangentialebene.*

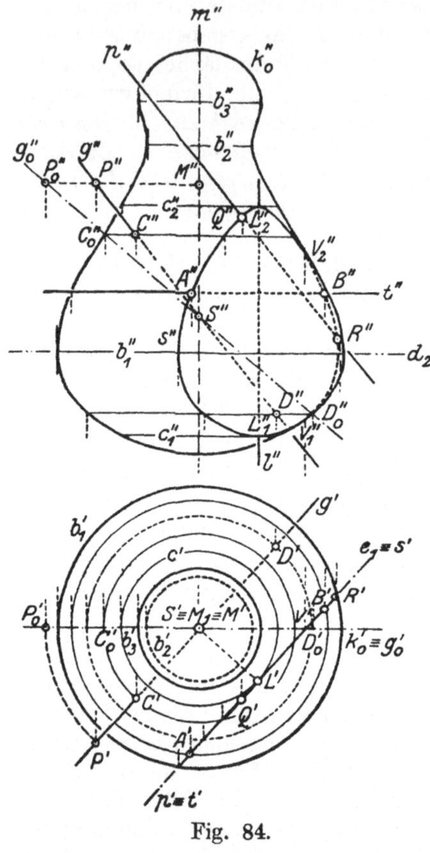

Fig. 84.

An diesen Satz schließt sich an die

Aufgabe: *Gegeben* sind der erste Spurpunkt M_1 und der Aufriß m'' einer scheitelrechten Geraden m, sowie die Meridiankurve einer Drehfläche. *Gesucht* sind die Umrisse der Drehfläche unter der Voraussetzung, daß ihre Drehachse mit m zusammenfällt.

Die gegebene Kurve, der die Meridiankurven der Drehfläche kongruent sein sollen, muß eine Symmetrieachse besitzen; **wir** tragen sie so ein, daß die letztere auf m'' fällt. Damit haben **wir** nach dem oben Gesagten den Aufriß k_0'' der Meridiankurve k_0 gewonnen, deren Ebene zu der Aufrißtafel parallel ist. Bei dem Beispiel in Fig. 84 hat k_0'' außer den auf m'' befindlichen Scheiteln keine Punkte mit wagerechten Tangenten, so daß die Drehfläche keinen Breitenkreis mit fester Tangentialebene[1]) besitzt. Deshalb sind für den Aufriß k_0 und k_0'' zugleich die Kurven des wahren bzw. scheinbaren Umrisses und der wahre bzw.

scheinbare Umriß selbst. — Für den Grundriß von Fig. 84 besteht, wie wir aus den Berührungspunkten scheitelrechter Tangenten von k'' erkennen, die Kurve des wahren Umrisses aus drei Breitenkreisen b_1, b_2, b_3, von denen jedoch nur b_1 und b_3 sichtbare Teile der Fläche von unsichtbaren trennen (wahrer Umriß). Tragen wir die Bildkreise b_1', b_2', b_3' in sofort einleuchtender Weise ein (vgl. die erste Aufgabe in Nr. 269), so erhalten wir die Kurve des scheinbaren Umrisses, während b_1' allein als scheinbarer Umriß wirksam ist[2]).

---

[1]) Solche Breitenkreise finden sich z. B. bei der *Kreisringfläche* in Nr. 273 und Fig. 85.

[2]) In anderen Fällen können auch scharfe Ränder auftreten und zum Umriß beitragen, z. B. in Fig. 97.

Ebene Schnitte einer Drehfläche.

269. Da die Breitenkreise einer Drehfläche in Ebenen liegen, die zur Drehachse senkrecht sind, kann eine Ebene dieser Stellung die Drehfläche, wenn überhaupt, nur in einem oder mehreren Breitenkreisen schneiden. Dadurch kommen wir zu der

Aufgabe: *Gegeben* sind nach Nr. 268 die Risse einer Drehfläche in Grundstellung und die Aufrißspur d_2 einer wagerechten Ebene Δ. *Gesucht* sind die Risse der Breitenkreise, in denen Δ die Drehfläche durchsetzt.

Wir suchen, indem wir uns an die Bezeichnungen von Fig. 84 anschließen, die auf d_2 durch k_0'' eingeschnittenen und durch m'' gehälfteten Strecken. Schlagen wir mit der Hälfte jeder derselben als Halbmesser den Kreis um M_1, so haben wir die gesuchten Risse. In Fig. 84 ergibt sich nur ein Breitenkreis, nämlich b_1.

Diese Aufgabe bildet die Grundlage für die folgende

Aufgabe: *Gegeben* sind nach Nr. 268 die Risse einer Drehfläche in Grundstellung und 1) die Risse einer wagerechten Geraden t — 2) ein Kreis c', der mit den Grundrissen der Breitenkreise konzentrisch ist, — 3) die Risse L', l'' einer scheitelrechten Geraden l — 4) ein im Grundriß liegender Punkt X' — *Gesucht* sind die Risse der Punkte, in denen t und l die Drehfläche durchbohren, und die Aufrisse der Breitenkreise und der Punkte der Drehfläche, deren Grundrisse c' und X' sind.

Die Lösungen zu 1), 2) und 3) sind an der Hand von Fig. 84 genau nachzubilden denen der zweiten Aufgabe von Nr. 207 und der beiden Aufgaben von Nr. 208. Nur tritt an die Stelle der beiden Geraden, aus denen dort der scheinbare Umriß der Kreiskegelfläche besteht, hier die Kurve k_0''. In Fig. 84 ergeben sich unter 1) die Punkte A und B, unter 2) die Breitenkreise c_1 und c_2, unter 3) die Punkte L_1 und L_2. Jedoch können auch je nach der Gestalt von k_0'' andere Anzahlen auftreten. Die Lösung zu 4) ist enthalten in der Lösung zu 3), wenn wir $X' \equiv L'$ und somit $X_1'' \equiv L_1''$, $X_2'' \equiv L_2''$ nehmen.

Wir müssen hierbei darauf verzichten, die erforderlichen Schnittpunkte zwischen wagerechten oder scheitelrechten Geraden und der Kurve k_0'' — wenn sie nicht zufällig eine der bereits behandelten Kurven ist — *mit Zirkel und Lineal zu konstruieren, und uns damit begnügen, sie unmittelbar an der gezeichneten Kurve zu bestimmen.* Dasselbe ist der Fall bei der folgenden

Aufgabe: *Gegeben* sind nach Nr. 268 die Risse einer Drehfläche in Grundstellung und die Risse einer Geraden g, die der Drehachse m in einem Punkt S begegnet. *Gesucht* sind die Risse der Punkte, in denen g die Drehfläche durchbohrt.

Die gerade Kreiskegelfläche mit der Mittellinie m, dem Scheitel S und der Erzeugenden g ist eine Drehfläche, die mit der gegebenen Drehfläche die Drehachse m gemeinsam hat. Deshalb durchdringen die beiden Flächen sich nach dem dritten Satz von Nr. 262 in einer

Anzahl von Breitenkreisen; auf diesen liegen die Punkte von g, die zugleich der gegebenen Drehfläche angehören. — Wir bestimmen zunächst nach der ersten Aufgabe von Nr. 209 den scheinbaren Umriß, den die gerade Kreiskegelfläche in der Aufrißtafel hat; und zwar genügt es, die eine der ihn bildenden Geraden, g_0'', einzutragen, wie dies in Fig. 84 durch die Risse der Punkte M, P, P_0 angedeutet ist. Dadurch finden wir die Risse der Breitenkreise, die der geraden Kreiskegelfläche und der gegebenen Drehfläche gemeinsam sind; denn jeder der Punkte C_0'', D_0'' usw., in denen g_0'' die Kurve k_0'' (Fig. 84) schneidet, ist der eine Endpunkt einer der wagerechten Strecken, welche die Aufrisse jener Breitenkreise sind; die zugehörigen Grundrisse folgen hieraus nach der ersten Aufgabe von Nr. 269. Endlich zeichnen die Risse jedes der so erhaltenen Breitenkreise in g' und g'' zwei, derselben Ordnungslinie [1, 2] angehörige Punkte ein, und diese — C', C'' und D', D'' in Fig. 84 — sind die Risse der gesuchten Punkte.

270. Auf Grund des letzten Satzes von Nr. 259 und des ersten Satzes von Nr. 262 gilt der Satz:

Jede ebene Schnittkurve einer Drehfläche hat zur Symmetrieachse die Gerade, die in ihre Ebene durch die zu dieser senkrechte Meridianebene eingezeichnet wird.

Diese Symmetrieachse ist parallel zu der Drehachse der Drehfläche oder schneidet sie. Deshalb können wir, wenn die Drehfläche in Grundstellung ist, die Risse etwa vorhandener Scheitel der Schnittkurve nach der zweiten und dritten Aufgabe von Nr. 269 aufsuchen. Dadurch erhalten wir sofort Scheitel der Bildkurve im Grundriß und unter Umständen auch Scheitel der Bildkurve im Aufriß; denn aus unserem Satz und aus den beiden letzten Sätzen von Nr. 260 ergibt sich der folgende:

Für jede ebene Schnittkurve einer in Grundstellung befindlichen Drehfläche ist die Bildgerade ihrer Symmetrieachse im Grundriß stets die Symmetrieachse der Bildkurve und im Aufriß dann, wenn die Ebene der Schnittkurve senkrecht zu der Grundrißtafel oder parallel zu der Rißachse a_{12} ist.

Abgesehen hiervon aber sind die geometrischen Gesetze der ebenen Schnittkurven von Drehflächen nur in besonderen Fällen so leicht zugänglich, wie wir dies bei den Kegelschnitten kennengelernt haben. Deshalb können wir auch ihre Bildkurven nicht, wie die Kegelschnitte, nach der Aufsuchung weniger Bestimmungsstücke selbständig herstellen, sondern müssen im allgemeinen unmittelbar aus den gegebenen Stücken der Drehfläche und der sie durchsetzenden Ebene die Risse einer größeren Anzahl von Punkten der Schnittkurve ableiten, um durch sie die Bildkurven hindurchzulegen. Von um so größerem Werte ist es daher, eine etwa vorhandene Symmetrieachse und die auf ihr liegenden Scheitel zur Erhöhung der Genauigkeit und zur Vereinfachung der Konstruktion benutzen zu können.

Auch Kurven, wie wir sie hier erhalten, besitzen Krümmungskreise. Doch ist deren Bestimmung selbst für die Scheitel nicht einfach genug im Verhältnis zu ihrem praktischen Nutzen. Vielmehr wird meist, da ohnedies zahlreiche Punkte konstruiert werden müssen, ein dem Scheitel genügend nahes Paar symmetrischer Punkte der Kurve vorhanden sein, so daß durch den Scheitel und durch diese Punkte versuchsweise ein Kreis gelegt werden kann, der die Kurve annähert. Mit einem solchen gewissermaßen *empirischen Krümmungskreis* können wir uns begnügen.

271. Aufgabe: *Gegeben* sind in Fig. 84 nach Nr. 268 die Risse einer Drehfläche in Grundstellung und die Grundrißspur e_1 einer scheitelrechten Ebene E. *Gesucht* sind die Risse der Kurve, in der E die Drehfläche durchsetzt.

Da der Grundriß der Schnittkurve s vollständig in e_1 enthalten ist, handelt es sich nur um die Konstruktion des Aufrisses s''. Fällen wir in Fig. 84 aus M_1 das Lot auf e_1, so ist es die Grundrißspur der zu E senkrechten Meridianebene und hat zum Fußpunkt L den ersten Spurpunkt der scheitelrechten Geraden l, in der jene beiden Ebenen einander schneiden; der zugehörige Aufriß l'' ist nach den Sätzen von Nr. 270 Symmetrieachse von s'' und trägt Scheitel L_1'', L_2'', die wir nach der zweiten Aufgabe von Nr. 269 bestimmen. Ferner ist der Schnittpunkt V' zwischen e_1 und k_0' der erste Spurpunkt der scheitelrechten Schnittgeraden u zwischen E und der Ebene der Meridiankurve k_0 und, wenn u und k_0 einander begegnen, der Grundriß der Punkte, in denen k_0 und s einander schneiden; in den zugehörigen Aufrissen V_1'' und V_2'', die wir durch die Ordnungslinie von V' in k_0'' einzeichnen, tritt s'' nach den Sätzen von Nr. 268 und Nr. 268 berührend an k_0'' heran.

Legen wir nun eine erste Hauptlinie t von E ($t' \equiv e_1$) hindurch und bestimmen nach der zweiten Aufgabe von Nr. 269 die Aufrisse A'', B'' der Punkte, in denen sie die Drehfläche durchbohrt, so sind A'', B'' zwei symmetrische Punkte von s''. Indem wir eine Anzahl gleichmäßig verteilter erster Hauptlinien von E (von denen in Fig. 84 nur eine eingetragen ist) in dieser Weise benützen, erhalten wir die zur Einzeichnung von s'' notwendigen Punkte[1]). Wäre auch ein Breitenkreis b mit fester Tangentialebene vorhanden, so würde die erste Hauptlinie von E, deren Aufriß mit b'' übereinstimmt, die Punkte liefern, in denen s'' berührend an b'' herantritt.

---

[1]) Dabei können wir schleifende Schnitte zwischen e_1 und einem im Grundriß zu ziehenden Kreis dadurch umgehen, daß wir — anstatt mit der wagerechten Geraden im Aufriß zu beginnen — zuerst auf e_1 in gleichen Abständen von L_1 zwei Punkte angeben, durch sie den Kreis mit dem Mittelpunkt M_1 legen und diejenigen wagerechten Geraden als Aufrisse von ersten Hauptlinien benützen, die sich nach der zweiten Aufgabe von Nr. 269 als zu jenem Kreis gehörige Aufrisse von Breitenkreisen ergeben.

Auf dieser Aufgabe beruht unmittelbar die Lösung der folgenden

Aufgabe: *Gegeben* sind in Fig. 84 nach Nr. 268 die Risse einer Drehfläche in Grundstellung und die Risse einer Geraden p. *Gesucht* sind die Risse der Punkte, in denen p die Drehfläche durchbohrt.

Wenn nämlich p zu der Drehachse m windschief (Nr. 48) ist, können wir nicht die in Nr. 269 angegebenen Verfahren anwenden, sondern müssen die durch p gehende scheitelrechte Ebene E ($e_1 \equiv p'$) zu Hilfe nehmen, den Aufriß s'' ihrer Schnittkurve mit der Drehfläche nach der vorigen Aufgabe herstellen und die Schnittpunkte zwischen p'' und s'' anmerken; diese sind die Aufrisse Q'', R'' der gesuchten Punkte und bestimmen durch ihre Ordnungslinien auf p' die Grundrisse Q', R'. Natürlich brauchen wir von s'' nur so viel zu zeichnen, als zur Aufsuchung von Q'' und R'' unbedingt nötig ist.

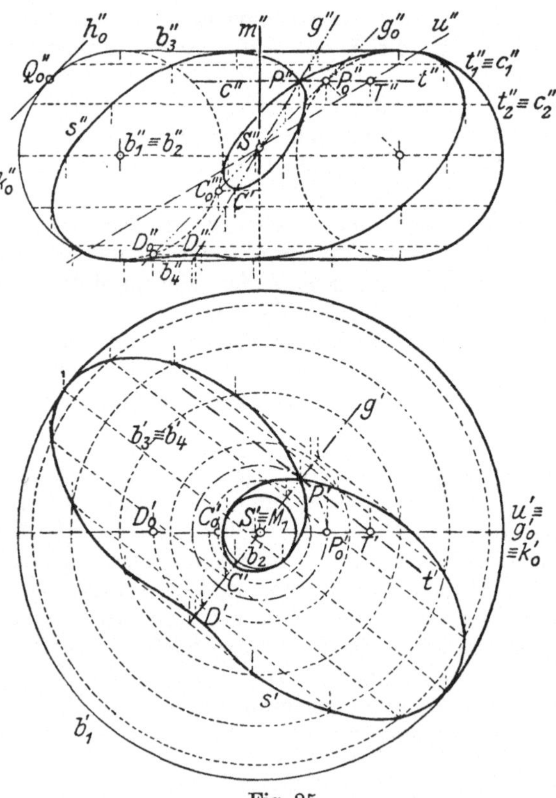

Fig. 85.

272. Die Lösung der ersten Aufgabe von Nr. 271 können wir leicht für den Fall erweitern, daß E gegen beide Tafeln geneigt ist. Wir müssen nur zweierlei bedenken: *Erstens* sind die Grundrisse der zu Hilfe genommenen ersten Hauptlinien von E nicht mehr in e_1 vereinigt und müssen deshalb auf Grund der für E gegebenen Bestimmungsstücke konstruiert werden. *Zweitens* erhalten wir auch im Grundriß eine wirkliche Bildkurve s', die nach dem zweiten Satz von Nr. 270 stets eine Symmetrieachse besitzt; sie berührt die Kurve des scheinbaren Umrisses in den Grundrissen der Punkte, in denen die Schnittkurve s der Kurve des wahren Umrisses begegnet, und diese Punkte ergeben sich, da die Kurve des wahren Umrisses aus Breitenkreisen besteht, durch diejenigen ersten Hauptlinien von E, die in den Ebenen jener Breitenkreise liegen. — So kommen wir zu der folgenden allgemeinen Vorschrift:

Sollen die Risse der Kurve s gezeichnet werden, in der eine in Grundstellung befindliche Drehfläche durch eine Ebene E geschnitten wird, so bestimmt man zuerst auf Grund des ersten Satzes von Nr. 270 die Risse der Symmetrieachse und nach der zweiten oder dritten Aufgabe von Nr. 269 die Risse der auf ihr liegenden Scheitel der Kurve. Darauf wählt man in E, ungefähr gleichmäßig verteilt, erste Hauptlinien — darunter auch die in den Ebenen derjenigen Breitenkreise befindlichen, die zu den Kurven des wahren Umrisses für beide Tafeln gehören — und sucht nach der zweiten Aufgabe von Nr. 269 die Risse der Punkte, in denen sie die Drehfläche treffen. Endlich trägt man, wenn die Meridiankurve k_0 in der zur Aufrißtafel parallelen Meridianebene liegt, den Aufriß u'' der zweiten Hauptlinie u von E ein, für die $u' \equiv k_0'$ ist, und schneidet u'' mit der Bildkurve k_0''. Durch die gewonnenen Punkte legt man in beiden Tafeln die Bildkurven s', s'' der Schnittkurve s hindurch, indem man auf ihre Symmetrie und auf ihre Berührungen mit den Kurven des scheinbaren Umrisses achtet.

Nach dieser Vorschrift werden wir in Nr. 274 eine besondere Aufgabe durchführen.

Die Kreisringfläche.

273. Wird ein Kreis um eine Gerade m gedreht, die in seiner Ebene liegt, ihn aber nicht schneidet, so entsteht eine *Kreisringfläche*. Ihre Meridiankurven setzen sich zusammen je aus zwei in bezug auf m symmetrischen Kreisen, und so zeichnen wir auch, wenn wir nach Nr. 268 eine *Kreisringfläche in Grundstellung* darstellen, in Fig. 85 den Aufriß k_0'' der Meridiankurve k_0, deren Ebene zu der Aufrißtafel parallel ist. Die Mittelpunkte aller Meridiankreise liegen in einer wagerechten Ebene, die den weitesten Breitenkreis b_1 und den engsten Breitenkreis b_2 der Fläche enthält; diese beiden Breitenkreise bilden für die Grundrißtafel die Kurve des wahren Umrisses und ihre Grundrisse b_1', b_2' die Kurve des scheinbaren Umrisses und zugleich auch den scheinbaren Umriß selbst. Der oberste und der unterste Breitenkreis, b_3 und b_4, sind Kreise mit festen Tangentialebenen und haben zu Aufrissen die Strecken b_3'' und b_4'', die auf den beiden wagerechten, gemeinsamen Tangenten der Kreise von k_0'' durch ihre Berührungspunkte begrenzt werden; deshalb besteht für die Aufrißtafel die Kurve des scheinbaren Umrisses aus den Strecken b_3'' und b_4'' und aus den beiden Kreisen von k_0'', von denen jedoch die inneren Hälften nicht zum scheinbaren Umriß selbst gehören.

Die Breitenkreise b_3 und b_4 teilen die Kreisringfläche in zwei Teile, die gesondert betrachtet werden können; ihre Aufrisse sind in Fig. 86a und Fig. 86b verkleinert hingezeichnet. Der eine Teil kann als *Wulst* (Fig. 86a) und der andere als *Hohlkehle* (Fig. 86b) bezeichnet werden. Der Wulst hat denselben scheinbaren Umriß wie die ganze Kreisringfläche, während bei der Hohlkehle die äußeren Hälften der beiden Kreise von k_0'' durch die inneren ersetzt sind. Die in den Anwendungen vorkommenden Drehflächen haben meistens Meridiankurven, die sich aus Kreisbögen und Geraden zusammensetzen, und können infolgedessen

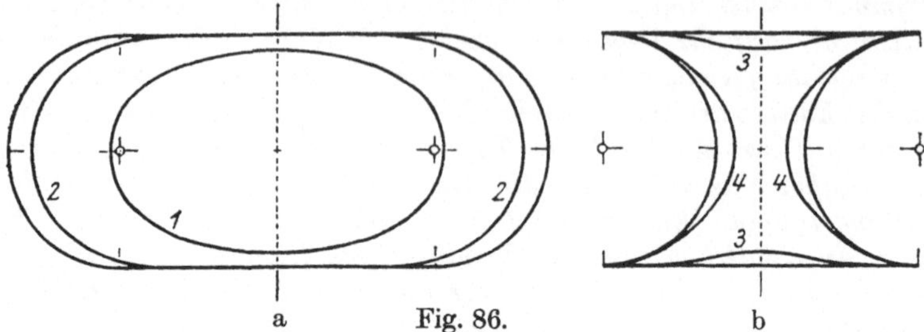

a   Fig. 86.   b

in Zonen zerlegt werden, die geraden Kreiszylinder- und Kreiskegelflächen, Kugeln, Wülsten und Hohlkehlen angehören. Aus solchen Drehflächen sind insbesondere die *Schubstangenköpfe* durch Ebenen herausgeschnitten, die zueinander und zu der Drehachse parallel sind und gleichen Abstand von dieser besitzen; deshalb bestehen die bei ihnen vorkommenden Verschneidungslinien aus Stücken von Geraden, von Hyperbeln (s. Fig. 81), von Kreisen und von Kurven der Art, wie sie nach der Aufgabe von Nr. 271 auf einem Wulst und einer Hohlkehle zu konstruieren und in Fig. 86 eingetragen sind.

274. Wir nehmen in Fig. 85 auf k_0'' den Aufriß P_0'' eines Punktes P_0 der Hohlkehle und den Aufriß Q_0'' eines Punktes Q_0 des Wulstes an und ziehen die Tangenten g_0'' und h_0'', die in P_0'' und Q_0'' die Kreise von k_0'' berühren. Da die Breitenkreistangenten von P_0 und Q_0 zu der Aufrißtafel senkrecht stehen (Nr. 264), gilt dasselbe für die Tangentialebenen der Kreisringfläche, die zu diesen Punkten gehören. Die Geraden g_0'', h_0'' enthalten also die Aufrisse dieser Tangentialebenen und zeigen, daß die Tangentialebene von P_0 die Kreisringfläche durchsetzen muß, während die Tangentialebene von Q_0, wie wir dies z. B. von der Kugel her gewöhnt sind, außer Q_0 keinen Punkt mit ihr gemeinsam haben kann. Dasselbe finden wir bei jedem anderen Punkt der Hohlkehle und bei jedem anderen Punkt des Wulstes und erkennen daraus, daß die beiden Flächenteile hinsichtlich ihrer Tangentialebenen grundsätzlich verschiedene Eigenschaften besitzen. Wir wenden uns deshalb zu der

Aufgabe: *Gegeben* sind in Fig. 85 die Risse einer Kreisringfläche in Grundstellung und der Grundriß P' eines Punktes P der Hohlkehle. *Gesucht* sind die Risse der Kurve s, in der die Tangentialebene von P die Kreisringfläche schneidet.

Wir suchen zuerst den Aufriß des Punktes P nach der zweiten Aufgabe von Nr. 269 — mit Hilfe des einen Schnittpunktes P_0 zwischen der Meridiankurve k_0 und dem Breitenkreis c von P — und zwar wählen wir den oberen der beiden möglichen Punkte. Die Tangentialebene E von P wird bestimmt durch die Breitenkreistangente t, deren Grundriß in P' den Kreis c' berührt und deren Aufriß mit c'' zusammenfällt, und durch die Meridiantangente g (Nr. 263). Diese ist ebenso wie die Meridiantangente g_0 von P_0 Erzeugende einer geraden Kreiskegelfläche (Nr. 264), deren Scheitel S zu Rissen die Punkte $S' \equiv M_1$ und den Schnittpunkt S'' zwischen m'' und der zu P_0'' gehörigen Tangente g_0'' von k_0'' hat; also können wir $g' \equiv S'P'$ und $g'' \equiv S''P''$ eintragen.

Die durch m und g bestimmte Ebene ist Meridianebene der Ringfläche und zugleich, da t erste Hauptlinie von E und $g' \perp t'$ ist, auf E senkrecht; sie zeichnet also nach dem ersten Satz von Nr. 270 g als Symmetrieachse der Kurve s in E ein, so daß g' nach dem zweiten Satz von Nr. 270 Symmetrieachse der Bildkurve s' ist.

Nun verfahren wir genau nach der Vorschrift von Nr. 272: Wir bestimmen mit Hilfe von g_0'' die Risse der Scheitel C und D von s und erhalten in C' und D' die Scheitel von s'. Als erste Hauptlinien von E nehmen wir diejenigen, deren Aufrisse die Kreise von k_0'', ausgehend von b_1'' und b_2'', in zwölf gleiche Teile[1]) teilen, und legen ihre Grundrisse parallel zu t' durch die Punkte von g', die auf den Ordnungslinien der Schnittpunkte zwischen g'' und jenen Aufrissen liegen; dadurch erzielen wir die Vereinfachung, daß je zwei dieser Hauptlinien zu denselben Kreisen im Grundriß führen, und erhalten unter den gefundenen Punkten von s' und s'' auch die Berührungspunkte mit b_1', b_2' und mit b_3'', b_4''. Hierbei bemerken wir noch, daß die Bildkurve s' in den auf $b_3' \equiv b_4'$ liegenden Punkten die zu ihrer Bestimmung dienenden, zu t' parallelen Hilfsgeraden berührt, weil die Tangenten von s in den auf b_3 und b_4 liegenden Punkten selbst erste Hauptlinien von E sind. Endlich bestimmen wir noch den Aufriß u'' der zweiten Hauptlinie u von E, für die $u' \equiv k_0'$ ist, dadurch, daß u durch S geht und daß für den Schnittpunkt T zwischen u und t der Grundriß als Schnittpunkt von u' und t' bekannt ist; u'' schneidet in k_0'' die Berührungspunkte von s'' ein. Nunmehr zeichnen wir in Fig. 85 die Bildkurven s', s'' ein und deuten die Sichtbarkeit so an, daß die Kreisringfläche als durch E abgeschnitten erscheint.

275. Eine besondere Untersuchung erfordern die Kurve s und ihre Bildkurven s', s'' in der Umgebung des Punktes P und seiner Risse P', P''. Nehmen wir eine erste Hauptlinie t_1 in E in der Nähe von t und den in derselben wagerechten Ebene befindlichen Breitenkreis c_1 der Hohlkehle, so ist t_1 Tangente eines Breitenkreises der geraden Kreiskegelfläche, der g und g_0 als Erzeugende angehören. Dieser Breitenkreis ist, wie die Lage von g_0'' gegen k_0'' zeigt, enger als c_1; jedoch ist der Unterschied der Halbmesser um so geringer, je näher t_1 an t liegt. In-

---

[1]) Zur *Zwölfteilung des Kreises* zeichnet man mit Hilfe der Zeichendreiecke zwei rechtwinklige Durchmessersehnen und trägt von ihren Endpunkten aus nach beiden Seiten den Halbmesser des Kreises als Sehne ein.

folgedessen schneidet t_1 den Kreis c_1, und mit ihm die Hohlkehle, in zwei Punkten, die immer näher aneinanderrücken und schließlich in P zusammenfallen, wenn wir t_1 an t heranschieben. Dasselbe gilt für eine erste Hauptlinie t_2, die wir in E auf der anderen Seite von t annehmen, und für den zu ihr gehörigen Breitenkreis c_2 der Hohlkehle. Also muß die Kurve s, wie wir am Grundriß von Fig. 85 verfolgen können, mit vier Zügen nach dem Punkt P laufen. Aber wie diese Züge sich in P zusammensetzen, vermögen wir zunächst nicht anzugeben; denn wir können, während der Satz von Nr. 257 für jeden anderen Punkt von s eine bestimmte Tangente in der Schnittgeraden zwischen E und der Tangentialebene liefert, für P eine solche nicht zu konstruieren, da E selbst Tangentialebene von P ist. Erst die Anwendung höherer mathematischer Hilfsmittel lehrt, daß die Kurve s in P und nach dem zweiten Satz von Nr. 258 auch ihre Bildkurven s' und s'' in P' und P'' *Knoten* besitzen. Und zwar gilt dies nicht nur für die Hohlkehle der Kreisringfläche; vielmehr besteht der Satz:

Jede Tangentialebene einer krummen Fläche, deren Berührungspunkt auf einem, nach Art der Hohlkehle gekrümmten[1]) *Flächenteil liegt, schneidet die krumme Fläche in einer Kurve, für die jener Punkt ein Knoten ist.*

Die Kurve s kann, je nach der Lage von P auf der Hohlkehle, auch andere Gestalten annehmen, als wir sie in Fig. 85 erhalten haben. Im

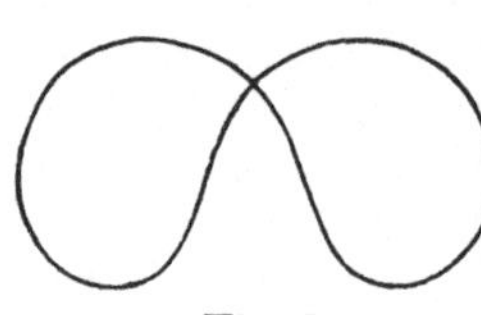

Fig. 87.

wesentlichen kommt noch die in Fig. 87 gezeichnete Gestalt in Betracht; sie tritt auf, wenn die Meridiantangente g so steil steht, daß sie mit der Kreisringfläche außer P keine weiteren Punkte C und D mehr gemeinsam hat. Im Übergangsfall, in dem g_0'' innere gemeinsame Tangente der beiden Kreise von k_0'' ist, wird g Meridiantangente und E Tangentialebene zugleich für zwei Punkte der Kreisringfläche; dann zerfällt, wie ohne Beweis angeführt werde, s in zwei Kreise, die in E durch diese beiden Punkte laufen.

II. Durchdringungskurven krummer Flächen: Kegel- und Zylinderflächen.

Durchdringungskurven.

276. Wie die Durchdringungslinie zweier Vielflache ein räumliches — aus einem oder mehreren Streckenzügen bestehendes — Vieleck ist (Nr. 71), so ergibt sich als *Durchdringungs- oder Verschneidungslinie von zwei krummen Flächen* eine Kurve, die im allgemeinen nicht in einer Ebene enthalten ist und auch in mehrere getrennte Teile zerfallen kann. Aus dem Satz von Nr. 257 folgt sofort:

---

[1]) Solche Flächenteile nennt man *hyperbolisch* oder *negativ gekrümmt*, während man die nach Art des Wulstes gestalteten als *elliptisch* oder *positiv gekrümmt* bezeichnet.

Die Durchdringungskurve von zwei krummen Flächen hat in jedem Punkt zur Tangente die Schnittgerade der Tangentialebenen, die in dem Punkt für die beiden Flächen bestimmt werden können.

Wenn ferner zwei krumme Flächen eine gemeinsame Symmetrieebene Σ haben und P_1 ein Punkt ihrer Durchdringungskurve s ist, so muß der zu P_1 in bezug auf Σ symmetrische Punkt P_2 sowohl der einen als auch der anderen Fläche angehören und somit ebenfalls auf k liegen. Also ist Σ auch Symmetrieebene von k. Wir erhalten so den folgenden Satz, der eine Erweiterung des letzten Satzes von Nr. 259 ist:

Besitzen zwei krumme Flächen eine gemeinsame Symmetrieebene, so ist diese auch Symmetrieebene ihrer Durchdringungskurve.

Um für die Durchdringungskurve zweier in Grund- und Aufriß gegebenen Flächen die Risse zu konstruieren, können wir an das Verfahren anschließen, das wir in Nr. 73 für die Durchdringungslinien der Vielflache entwickelt haben. Aber je nach Art und Stellung der beiden Flächen werden in den einzelnen Fällen sehr verschiedene Maßnahmen erforderlich, die zu neuen Verfahren führen. Wir werden solche für die Durchdringungen von Kegelflächen, Zylinderflächen und Drehflächen aufsuchen.

Zwei Kegelflächen.

277. Für die Konstruktion der Durchdringungskurve zweier Kegel- oder Zylinderflächen können wir das Verfahren von Nr. 73 unmittelbar weiterbilden. Zwar besitzen Kegel- und Zylinderflächen keine Kanten, deren Schnittpunkte mit der jeweiligen anderen Fläche zu bestimmen und in der ihnen zukommenden Reihenfolge geradlinig zu verbinden sind; aber wir können statt dessen auf ihnen Erzeugende auswählen und ihre Schnittpunkte mit der jeweiligen anderen Fläche aufsuchen, um dadurch eine genügende Anzahl (vgl. Nr. 147) von Punkten für die Einzeichnung der Risse der Durchdringungskurve zu erhalten. Wollten wir jedoch zur Konstruktion der Risse jener Schnittpunkte wie in Nr. 73 stets nur zu einer Tafel senkrechte Ebenen zu Hilfe ziehen, so müßten wir — außer in besonders günstig liegenden Fällen — als Risse der Kurven, in denen die Hilfsebenen immer die jeweilige andere Fläche schneiden, eine größere Anzahl verwickelterer Kurven zeichnen. Deshalb werden wir von vornherein die Hilfsebenen so zu wählen suchen, daß wir die sich ergebenden Hilfskurven möglichst bequem herstellen können.

Die einfachsten Schnittfiguren einer Kegelfläche, nämlich gerade Linien, liegen in den Ebenen, die den Scheitel der Fläche enthalten. Deshalb empfiehlt sich als *allgemeines Verfahren für die Konstruktion der Durchdringungskurve zweier Kegelflächen, die Hilfsebenen durch die Scheitel beider hindurchzulegen.*

Wir wollen es uns in der räumlichen Vorstellung klar machen und zwar an der Hand von Fig. 88. Dort sind in einem Schrägriß, dessen nach Nr. 14 erfolgte Herstellung wir hier nicht näher beschreiben, zwei gerade Kreiskegel mit den Scheiteln S_1, S_2 und den Leitkreisen k_1, k_2 dargestellt. Die Leitkreisebenen schneiden sich in der Geraden p und werden von der Geraden $S_1 S_2$ in T_1 und T_2 durchbohrt. Eine durch $S_1 S_2$ gelegte Ebene E hat in den Leitkreisebenen die Spurgeraden e_1 und e_2, die beziehungsweise durch T_1 und T_2 gehen und einander in einem Punkte E von p begegnen. Wenn e_1 und k_1 die Schnittpunkte A_1, B_1 und wenn e_2 und k_2 die Schnittpunkte A_2, B_2 haben, so enthält E die Erzeugenden $S_1 A_1$, $S_1 B_1$ der ersten und die Erzeugenden $S_2 A_2$, $S_2 B_2$ der zweiten Kegelfläche, und die vier Schnittpunkte dieser beiden Geradenpaare gehören beiden Flächen, also auch ihrer Durchdringungskurve an. Drehen wir also E um die Gerade $S_1 S_2$, so er-

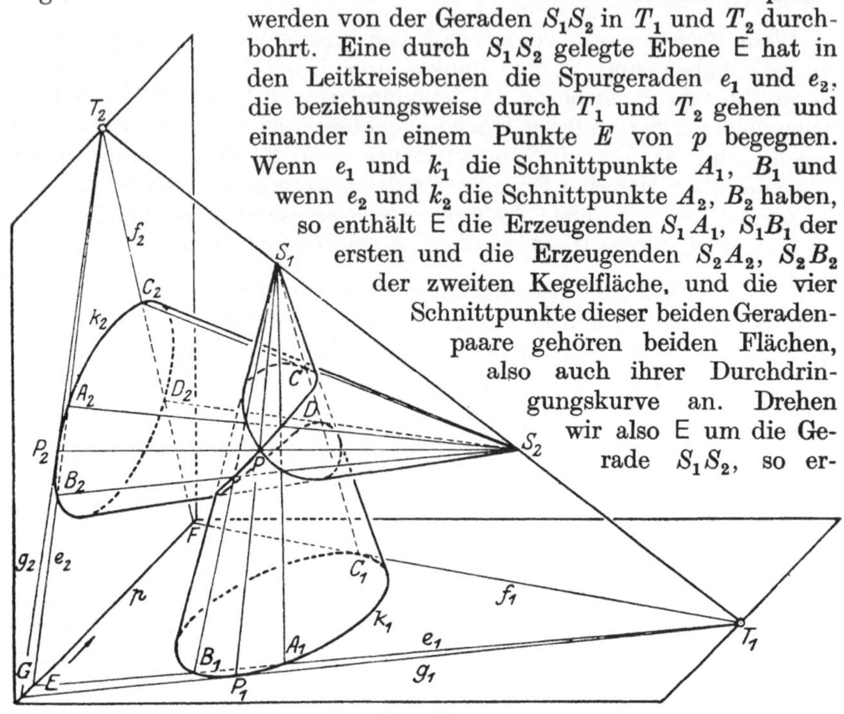

Fig. 88.

halten wir auf diese Weise so viele Punkte der Durchdringungskurve, als wir wünschen.

278. In Fig. 88 können von T_1 an den Leitkreis k_1 Tangenten gelegt werden; nehmen wir die in C_1 berührende Tangente f_1, so bestimmt sie mit $S_1 S_2$ zusammen die zu der Erzeugenden $S_1 C_1$ gehörige Tangentialebene Φ der ersten Kegelfläche. Die Spurgerade f_2, die Φ in die Ebene von k_2 einzeichnet, verbindet T_2 mit dem Schnittpunkt F zwischen p und f_1; da sie den Leitkreis k_2 in zwei Punkten C_2, D_2 trifft, enthält Φ auch zwei Erzeugende $S_2 C_2$, $S_2 D_2$ der zweiten Kegelfläche und liefert, als Hilfsebene benutzt, in den Schnittpunkten von $S_1 C_1$ mit $S_2 C_2$ und $S_2 D_2$ zwei Punkte C, D der Durchdringungskurve. Für diese Punkte können wir auch die Tangenten der Kurve angeben: Sie sind, da Φ sowohl zu C wie zu D als Tangentialebene der ersten Kegelfläche gehört, nach dem ersten Satz von Nr. 276 die Schnittgeraden von Φ mit den zu C und D gehörigen Tangentialebenen der zweiten Kegelfläche und, da von diesen nach Nr. 201 die eine die Erzeugende $S_2 C_2$ und die andere die Erzeugende $S_2 D_2$ enthält, diese Erzeugenden selbst. Also gilt der Satz:

Wird nach dem Verfahren von Nr. 277 die Durchdringungskurve zweier Kegelflächen konstruiert und gibt es eine Hilfsebene Φ, die Tangentialebene der einen Fläche ist, so ist jede in Φ liegende Erzeugende der anderen Fläche für die Durchdringungskurve Tangente in ihrem Schnittpunkt mit derjenigen Erzeugenden der ersten Fläche, zu der Φ als Tangentialebene gehört.

Die Hilfsebene E, die in Fig. 88 durch ihre Spuren e_1, e_2 angedeutet ist, denken wir uns um $S_1 S_2$ so gedreht, daß der Punkt E auf p in der Pfeilrichtung wandert. Wenn sie dabei Φ überschreitet, so vermindert sich, da die Erzeugenden $S_1 A_1$ und $S_1 B_1$ zunächst sich in $S_1 C_1$ vereinigen und dann fortfallen, die Zahl der in ihr liegenden Punkte der Durchdringungskurve von 4 zunächst auf 2 und dann auf 0. Wäre k_1 kein Kreis, sondern eine Kurve, die mit ihrer Tangente f_1 außer dem Berührungspunkt C_1 noch einen oder mehrere Schnittpunkte gemeinsam hätte, so fände dasselbe statt, nur mit dem Unterschied, daß an die Stelle der Zahlen 4, 2, 0 andere Zahlen treten würden. Somit werden wir zu der folgenden Bemerkung geführt: *Wenn bei dem Verfahren von Nr. 277 eine Hilfsebene die eine Fläche berührt und die andere schneidet, so trennt sie zwei Gebiete, in denen die Hilfsebenen von verschiedener Wirksamkeit sind.*

279. Eine Besonderheit tritt ein, wenn — wie dies in Fig. 88 der Fall ist — eine aus T_1 an k_1 gehende Tangente g_1 und eine aus T_2 an k_2 gehende Tangente g_2 sich in einem Punkt G von p begegnen. Dann sind g_1 und g_2, wenn ihre Berührungspunkte P_1 und P_2 heißen, die Spuren einer durch $S_1 S_2$ gehenden Ebene Γ, die gleichzeitig Tangentialebene der ersten Kegelfläche längs der Erzeugenden $S_1 P_1$ und Tangentialebene der zweiten Kegelfläche längs der Erzeugenden $S_2 P_2$ ist. Deshalb gehört der Schnittpunkt P von $S_1 P_1$ und $S_2 P_2$ beiden Kegelflächen so an, daß sie in ihm dieselbe Tangentialebene besitzen, einander also berühren; er ist ein Punkt der Durchdringungskurve der beiden Flächen, aber ein solcher, für den sich nach dem ersten Satz von Nr. 276 eine bestimmte Tangente nicht ergibt. Deshalb liegt die Vermutung eines Ausnahmepunktes nahe; in der Tat: Nehmen wir in Fig. 88 die Hilfsebene E und denken sie uns um $S_1 S_2$ in die Lage Γ gedreht, so vereinigen sich e_1 mit g_1, e_2 mit g_2, $S_1 A_1$ und $S_1 B_1$ mit $S_1 P_1$, $S_2 A_2$ und $S_2 B_2$ mit $S_2 P_2$ und folglich die vier Punkte, in denen die Erzeugenden $S_1 A_1$, $S_1 B_1$ den Erzeugenden $S_2 A_2$, $S_2 B_2$ begegnen, mit dem Schnittpunkt P von $S_1 P_1$ und $S_2 P_2$. Also haben wir hier dieselbe Erscheinung wie in Nr. 275 bei den Tangentialebenen hyperbolisch gekrümmter Flächen; es ergibt sich auch durch Anwendung höherer Hilfsmittel ein Satz, der den Satz von Nr. 275 unter sich begreift. Doch müssen wir, um ihn in seiner allgemeinen Form zu verstehen, bedenken, daß die Durchdringungskurve von zwei beliebigen krummen Flächen, die einander in einem Punkt berühren, nicht durch diesen Punkt hindurchzugehen braucht. Der Satz lautet:

Besitzen zwei Flächen, die einander durchdringen, einen Berührungspunkt, so ist dieser entweder ein Knoten der Durchdringungskurve oder liegt von ihr getrennt.

280. Die wesentlichen Eigenschaften des Verfahrens von Nr. 277 können wir in folgender Weise kurz zusammenfassen: Die Hilfsebenen gehen durch eine Gerade oder, mit anderen Worten, sie bilden einen *Ebenenbüschel*, dessen *Achse* die Gerade ist. Der Ebenenbüschel zeichnet in die Ebene jeder Leitkurve Geraden ein, die durch einen Punkt gehen, d. h. einen *Strahlenbüschel*, dessen *Scheitel* der Spurpunkt jener Achse ist. Diese beiden Strahlenbüschel stehen dadurch miteinander in Beziehung, daß je zwei Strahlen, die sich auf der Schnittgeraden der Ebenen der Leitkurven begegnen, die Spurlinien derselben Hilfsebene sind.

Besonderheiten der Lage können gewisse Abänderungen des Verfahrens erfordern. Die wichtigsten Fälle sind die folgenden beiden:

Erstens kann die Achse des Hilfsebenenbüschels zu der Ebene der einen Leitkurve parallel sein — etwa, wenn wir an Fig. 88 anknüpfen, zu der Ebene von k_2. Dann fehlt der Spurpunkt T_2, und die Spuren der Hilfsebenen bilden in dieser Ebene keinen Strahlenbüschel, sondern, da sie sämtlich der Achse des Hilfsebenenbüschels parallel sind, einen *Parallelenbüschel*.

Zweitens können die beiden Leitkurven in derselben Ebene liegen. Dann vereinfacht sich das Verfahren dadurch, daß für jede Hilfsebene E nur eine einzige Spur in Betracht kommt, in der sich die beiden Geraden e_1 und e_2 von Fig. 88 vereinigen. Diese Spuren bilden wiederum einen Strahlenbüschel, in dessen Scheitel die Punkte T_1 und T_2 von Fig. 88 zusammenfallen, oder — wenn die Achse des Hilfsebenenbüschels der Ebene der Leitkurve parallel ist — einen Parallelenbüschel.

Eine Kegelfläche und eine Zylinderfläche.

281. Wir verzichten darauf, Beispiele für das Verfahren von Nr. 277 im rechtwinkligen Zweitafelsystem durchzuführen, und benutzen es nur als Vorbild, um für andere Fälle geeignete Verfahren abzuleiten. Ist zunächst die Durchdringungskurve einer Kegel- und einer Zylinderfläche zu konstruieren, so gibt es wiederum Ebenen, die beide Flächen in Erzeugenden schneiden. Sie gehen durch den Scheitel der Kegelfläche und sind (Nr. 185) zu den Erzeugenden der Zylinderfläche parallel, enthalten also sämtlich die Gerade, die zu den letztgenannten Erzeugenden parallel durch den Kegelscheitel läuft. Hiermit erhalten wir als *allgemeines Verfahren für die Konstruktion der Durchdringungskurve einer Kegel- und einer Zylinderfläche, die Hilfsebenen durch die Gerade zu legen, die parallel zu den Zylindererzeugenden durch den Kegelscheitel gezogen werden kann.*

Dieser Hilfsebenenbüschel ist genau so zu benutzen, wie es in Nr. 280 zusammenfassend und in Nr. 277 ausführlich geschildert wurde. *Auch die Sätze von Nr. 278 und Nr. 279 gelten, und die in Nr. 280 behandelten*

Unterfälle können ebenfalls eintreten. Nur dadurch entsteht ein Unterschied, daß jetzt in jeder Hilfsebene die in ihr liegenden Kegelerzeugenden nach dem Kegelscheitel, die in ihr liegenden Zylindererzeugenden aber in der ihnen eigenen Richtung zu ziehen sind.

Die Durchführung dieses — und jedes anderen — Verfahrens im rechtwinkligen Zweitafelsystem stellt je nach der zufälligen Anordnung der gegebenen Stücke konstruktive Aufgaben, die in den einzelnen Beispielen selbst zu behandeln sind. Jedoch ergeben sich überall — wie auch schon in den Aufgaben von Nr. 271 und Nr. 274 — für die Erzielung möglichster Zweckmäßigkeit der Konstruktionen gewisse allgemeine Gesichtspunkte, die wir hier zusammenfassen:

Die Hilfsebenen sind so anzuordnen, daß sie für alle Risse der Durchdringungskurve möglichst gleichmäßig verteilte Punkte liefern; darunter insbesondere die Punkte, für die zugleich die Tangenten angegeben werden können, sei es nach dem letzten Satz von Nr. 266 oder nach dem ersten Satz von Nr. 278 oder nach einem diesem ähnlichen Satz. Ist insbesondere eine der Bildkurven symmetrisch, so wähle man, wenn es möglich ist, die Hilfsebenen so aus, daß sich für diesen Riß Paare symmetrischer Punkte und die Scheitel ergeben. Auch sonst suche man, sobald wenigstens eine der gegebenen Flächen eine geeignet gelegene Symmetrieebene besitzt, diesen Umstand zur Erleichterung der Konstruktion, vor allem zur Verminderung der Hilfslinien, auszunutzen.

In den folgenden Beispielen bevorzugen wir ausdrücklich solche, in denen Symmetrieebenen vorkommen; denn gerade diese Fälle spielen in den Anwendungen eine große Rolle.

282. Handelt es sich z. B. um einen geraden Kreiskegel und einen geraden Kreiszylinder, deren Risse in Fig. 89 so gegeben sind, daß der erste mit seinem Leitkreis k auf der Grundrißtafel Π_1 steht und der zweite zu Π_1 parallele Erzeugende hat, so geht die Achse des Hilfsebenenbüschels durch den Kegelscheitel S parallel zu den Erzeugenden des Zylinders und somit auch parallel zu der Ebene Π_1 von k; also haben wir hier die erste der in Nr. 280 erwähnten Besonderheiten. Da der Leitkreis z des Zylinders in einer zu Π_1 senkrechten Ebene liegt, können wir diese unmittelbar zur Tafel Π_3 eines an den Grundriß anschließenden Seitenrisses nehmen. In diesem ist z''' der Riß des ganzen Kreiszylinders und jeder Punkt von z''' der Riß einer Erzeugenden desselben.

Die Achse des Hilfsebenenbüschels steht auf Π_3 in dem Punkt $T = T'''$ senkrecht, in den zugleich der Seitenriß S''' von S hineinfällt; ihr Grundriß $S'T'$ hat, wie die Grundrisse der Zylindererzeugenden, die Richtung der Ordnungslinien [1, 3]. Für eine Hilfsebene E ist die Grundrißspur e_1 zu $S'T'$ parallel, während die Seitenrißspur e_3 den Punkt T''' mit dem Schnittpunkt zwischen a_{13} und e_1 verbindet. Die Grundrisse der in E liegenden Kegelerzeugenden gehen von S' nach den Schnittpunkten zwischen e_1 und k', und die Grundrisse der in E

enthaltenen Zylindererzeugenden fallen mit den Ordnungslinien [1,3] zusammen, die durch die Schnittpunkte zwischen e_3 und z''' laufen. Die Schnittpunkte der so erhaltenen zwei Geradenpaare sind die Grundrisse der in E befindlichen Punkte der Durchdringungskurve.

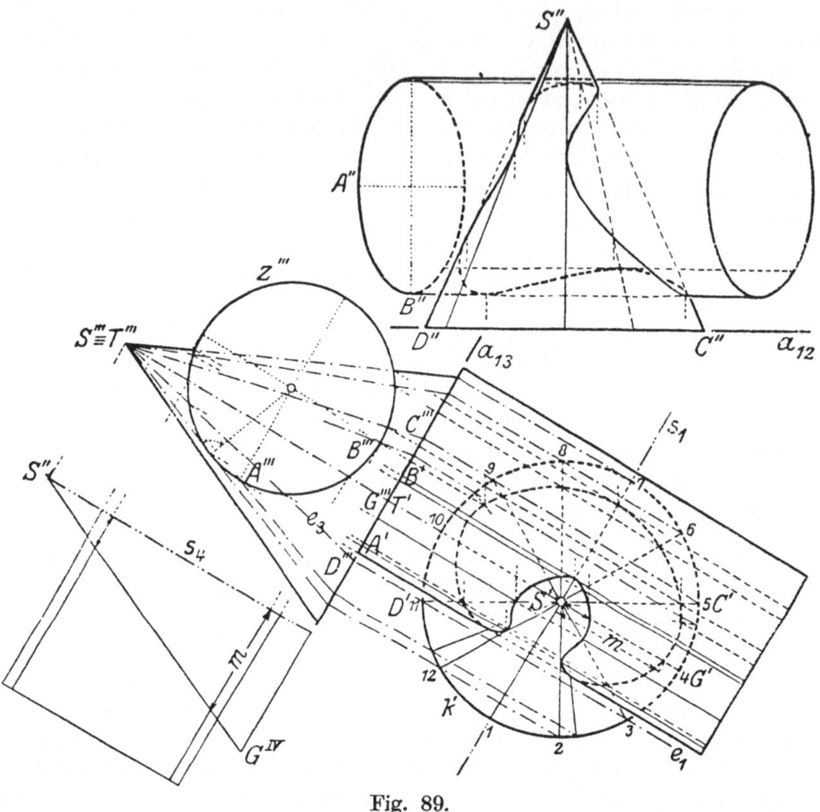

Fig. 89.

Aus dem Seitenriß von Fig. 89 erkennen wir, daß eine Ebene des Hilfsebenenbüschels den Kreiszylinder berührt und den Kreiskegel schneidet und daß eine zweite den Kreiskegel berührt und den Kreiszylinder schneidet; nach Nr. 278 liefern sie die Punkte der Durchdringungskurve, in denen sie Erzeugende des Kegels oder des Zylinders zu Tangenten hat, und begrenzen den Bereich, in dem wir die Hilfsebenen ungefähr gleichmäßig anordnen müssen. In diesem Bereich befinden sich von den Erzeugenden, aus denen die wahren Umrisse der beiden Flächen bestehen, die Zylindererzeugenden mit den Fußpunkten A und B und die Kegelerzeugenden SC und SD; legen wir durch diese die Hilfsebenen, so erhalten wir die Punkte, in denen die Risse der Durchdringungskurve die scheinbaren Umrisse der beiden Flächen berühren.

Eine Ebene, die senkrecht zu den Erzeugenden eines Zylinders steht, ist, wie sofort einleuchtet, stets eine Symmetrieebene der unbegrenzt gedachten Zylinderfläche. Deshalb ist die zu Π_3 parallele Meridianebene Σ des geraden Kreiskegels zugleich auch Symmetrieebene der geraden Kreiszylinderfläche, aus der in Fig. 89 der Kreiszylinder ausgeschnitten ist. Also ist nach dem zweiten Satz von Nr. 276 Σ Symmetrieebene der Durchdringungskurve und nach dem dritten Satz von Nr. 260 die Grundrißspur s_1 von Σ Symmetrieachse der Bildkurve in Π_1. Für diese Bildkurve liefert die schon oben erwähnte, den Zylinder berührende Hilfsebene die auf s_1 liegenden Scheitel und jede andere Hilfsebene von selbst in bezug auf s_1 symmetrische Punkte.

283. Nach diesen Vorbereitungen gehen wir an die Lösung der
Aufgabe: *Gegeben* sind in Fig. 89 die Risse eines geraden Kreiskegels, der auf der Grundrißtafel steht, und eines geraden Kreiszylinders, dessen Erzeugende der Grundrißtafel parallel sind. *Gesucht* sind die Risse der Durchdringungskurve.

Wir führen denselben Seitenriß wie in Nr. 282 ein und benutzen auch dieselben Bezeichnungen. Um eine möglichst gleichmäßige Anordnung der sich ergebenden Punkte zu erzielen, suchen wir sie auf Erzeugenden des Kreiskegels, deren Fußpunkte den Leitkreis k in gleiche Teile teilen. Wir nehmen, als die bequemste, die Zwölfteilung [1] des Kreises k' und zwar so, daß die Teilpunkte *1* und *7* auf s_1 liegen; dann sind die zu diesen beiden Punkten gehörigen Tangenten von k' und die Verbindungsgeraden der Teilpunkte *2* und *12*, *3* und *11*, *4* und *10*, *5* und *9*, *6* und *8* die Grundrißspuren von Ebenen aus dem Hilfsebenenbüschel. Verfahren wir mit diesen, wie es in Nr. 282 für eine Ebene E geschildert wurde, so erhalten wir symmetrische Punktepaare für den Grundriß der Durchdringungskurve. Wegen der Lage, die in Fig. 89 die gegebenen Stücke haben, befinden sich darunter bereits die Grundrisse der Punkte, in denen die Durchdringungskurve Erzeugende des Kegels oder des Zylinders berührt (auf den nach *2*, *12* und *7* laufenden Kegelerzeugenden), sowie der Punkte auf den Umrißlinien SC und SD des Kegels. Nur die Punkte auf den Umrißlinien des Zylinders, den Erzeugenden mit den Fußpunkten A und B, fehlen noch; die zu ihnen führenden Hilfsebenen müssen wir so legen, daß ihre dritten Spuren die Geraden $T''''A'''$ und $T''''B'''$ sind.

Eine Schwierigkeit aber tritt auf: Für die Hilfsebene, deren Grundrißspur durch S' und die Teilpunkte *4* und *10* geht, fallen die Grundrisse der in ihr enthaltenen Kegel- und Zylindererzeugenden zusammen, so daß ihre Schnittpunkte unbestimmt bleiben. Dann nehmen wir einen an den dritten Riß anschließenden vierten Riß zu Hilfe, konstruieren die gesuchten Punkte in ihm und übertragen sie nach Nr. 37 in den Grundriß. Dies ist in Fig. 89, soweit erforderlich, ausgeführt;

---

[1] Siehe die Anmerkung zu Nr. 274.

da die vierte Spur s_4 der Symmetrieebene Σ für den vierten Riß Symmetrieachse ist, brauchte dieser nur auf der einen Seite von s_4 gezeichnet zu werden. — Diesen vierten Riß ziehen wir auch hinzu, wenn die Grundrißspur einer notwendigen Hilfsebene so nahe an S' vorbeigeht, daß schleifende Schnitte entstehen.

Für die Bildkurve im Grundriß haben wir jetzt genügend viele und einigermaßen gleichmäßig verteilte Punkte. Da die zu ihnen gehörigen Seitenrisse sämtlich auf z''' liegen und somit ebenfalls bekannt sind, können wir nach Nr. 37 auch die zugehörigen Aufrisse bestimmen, von denen jedoch in Fig. 89 nur die Berührungspunkte der Bildkurve auf den Umrißlinien und auf den berührten Kegel- oder Zylindererzeugenden ausdrücklich angemerkt sind. Sollten hier die gewonnenen Punkte zu ungleichmäßig verteilt sein, so müßten neue Hilfsebenen an passenden Stellen eingelegt werden. Endlich zeichnen wir die Bildkurven im Grundriß und im Aufriß an der Hand der gefundenen Punkte und Tangenten ein, bei der ersten auf ihre Symmetrie in bezug auf s_1 — besonders in der Nähe der Scheitel (vgl. den letzten Absatz von Nr. 270) — und bei beiden auf ihre (in Fig. 89 nicht eingetragenen) gemeinsamen Tangenten (Nr. 258) achtend.

Zur Erhöhung der Anschaulichkeit heben wir im Grundriß und im Aufriß die gegenseitige Lage der sich durchdringenden Körper unter Andeutung der Sichtbarkeit hervor. Dabei kommt es — wie bei Vielflachen — im wesentlichen auf die wahren Umrisse an, die sichtbare und verdeckte Flächenteile trennen. *Deshalb können wir die Erörterungen von Nr. 76 von den ebenflächig begrenzten Körpern auf die krummflächig begrenzten Körper übertragen.* Dies kann an dem vorliegenden Beispiel in Fig. 89 leicht verfolgt werden.

284. In den Anwendungen wird oft die eine Fläche nur bis an die andere heran und nicht durch sie hindurch geführt, so daß nur Stücke von Verschneidungslinien zu zeichnen sind. Ein Beispiel hierfür behandelt die

Aufgabe: *Gegeben* sind in Fig. 90 die Risse einer *Rohrverbindung*, die aus einem geraden Kreiszylinder und einem an ihn angesetzten, geraden Kreiskegelstumpf besteht. *Gesucht* sind die Risse der Verschneidungslinie.

Die bei ihr notwendigen Konstruktionen stimmen im wesentlichen mit den in Nr. 283 geschilderten überein, und nur geringe Abweichungen sind anzumerken:

Der Scheitel des Kegels, zu dem der Kegelstumpf gehört, ist nicht gegeben, so daß sein Seitenriß S''' ($= T'''$) erst bestimmt werden müßte und zwar durch den ziemlich schleifenden Schnitt der Umrißlinien. Ferner ist es auch für die Genauigkeit der Konstruktion nicht günstig, den kleinsten Breitenkreis c des Kegelstumpfes zum Leitkreis zu nehmen. Deshalb verlängern wir die Kegelfläche und zeichnen (Nr. 207) die Risse ihres in der Grundrißtafel liegenden Breitenkreises k; diesen benutzen wir als Leitkreis, teilen seinen Grundriß k' in zwölf gleiche Teile und gleichzeitig auch — mittels der von S' nach den Teilpunkten von k'

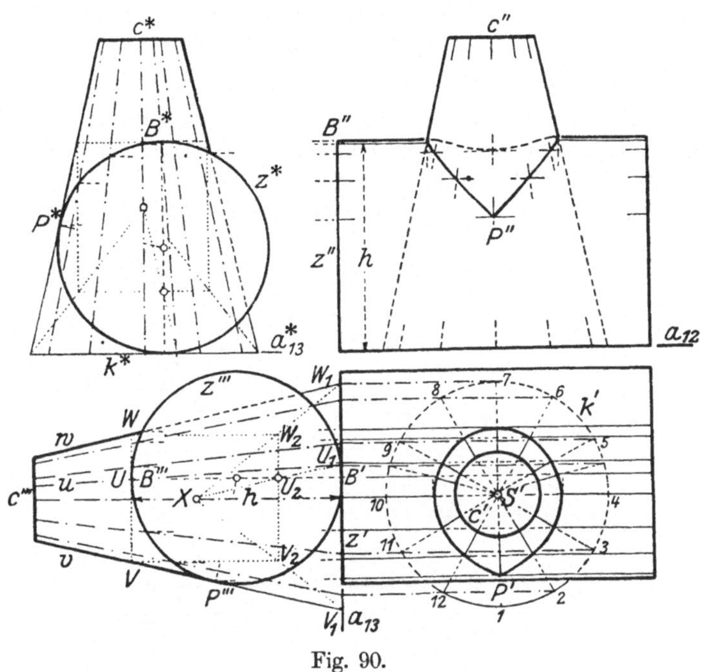

Fig. 90.

gehenden Halbmesser — den Grundriß c' des Kreises c. Übertragen wir diese Teilpunkte auf $k''' = a_{13}$ und c''', so erhalten wir durch die Verbindung zusammengehöriger Punkte die Seitenrißspuren der Hilfsebenen.

Die Lage der Rohrverbindung gegen die Tafeln ist in Fig. 90 so, daß der Seitenriß ein Kreuzriß (Nr. 37) ist. Infolgedessen ist der Aufriß dem vierten Riß kongruent, den wir nach dem Muster von Fig. 89 zur Behandlung der Erzeugenden 4 und 10 des Kegelstumpfes einführen müßten, und kann statt seiner benutzt werden. Aber es ist auch möglich, den Kreuzriß von vornherein, wie es in dem mit a_{13}^*, P^* usw. bezeichneten Teil von Fig. 90 angedeutet ist, neben den Aufriß zu legen und zuerst in diesem für die Bildkurve der Verschneidungslinie Punkte zu konstruieren.

Die oberste Erzeugende des Zylinders, deren Fußpunkt auf dem Leitkreis z wir mit B bezeichnen, durchdringt die Kegelfläche. Um die Schnittpunkte so aufzusuchen, wie dies in Fig. 89 von den Punkten A und B ausgehend geschehen ist, müssen wir durch B''' die Gerade u nach dem nicht eingetragenen Punkt T''' ziehen. Dies führen wir aus mit Hilfe der Konstruktionen, die in Fig. 90 durch punktierte Linien und die beigefügten Buchstaben u, v, w, U, V, W, U_1, V_1, W_1, U_2, V_2, W_2, X angedeutet sind[1]).

Für die Erzeugende des Kegels endlich, die nach dem Teilpunkt 1 auf k läuft, tritt der Fall von Nr. 279 ein. Wir haben auf ihr also einen Knotenpunkt P der Durchdringungskurve, der — da von dieser nur ein Teil zu zeichnen ist — als Knickpunkt der Verschneidungslinie und ihrer Risse zur Erscheinung kommt.

Oft setzt sich bei Anwendungen auch wenigstens die eine der beiden Flächen aus verschiedenartigen Flächenteilen zusammen, die dann je für sich zu behandeln sind. Dies ist z. B. der Fall bei einem *zylindrischen Lagerdeckel mit kegelförmigen Angüssen für Schrauben*, der aus

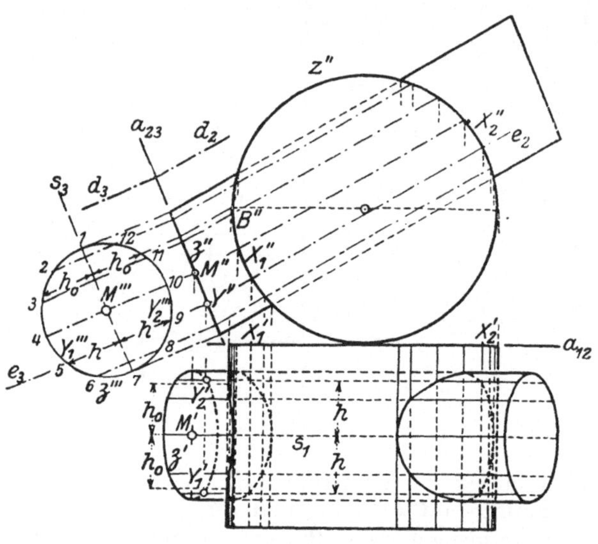

Fig. 91.

dem oberen Teil der Rohrverbindung in Fig. 90 entsteht, wenn der Zylinder sehr viel größer genommen und die eine, durch die Erzeugende 4 und 7 begrenzte Hälfte des Kegelstumpfes durch die zu diesen Erzeugenden gehörigen Tangentialebenen ersetzt werden. (Vgl. hierzu den Schluß von Nr. 287.)

---

[1]) *Um durch einen Punkt U die Gerade u nach dem unzugänglichen Schnittpunkt zweier Geraden v, w zu legen*, ziehen wir drei untereinander parallele Geraden, von denen die erste durch U läuft. v und w mögen (Fig. 90) durch die erste von ihnen in V, W und durch die zweite in V_1, W_1 getroffen werden; in die dritte zeichnen wir durch drei Gerade, die wir untereinander parallel durch U, V, W legen, die Punkte U_2, V_2, W_2 ein. Ist dann X der Schnittpunkt von $V_1 V_2$ und $W_1 W_2$, so entsprechen den Punkten U_2, V_2, W_2, X die Punkte U, V, W und der Schnittpunkt von v, w in einer Affinität (siehe Nr. 119 und Nr. 120), deren Achse die Gerade $V_1 U_1 W_1$ ist. Deshalb muß die gesuchte Gerade u durch U_1 gehen und ist somit als Verbindungsgerade von U und U_1 bestimmt.

Zwei Zylinderflächen.

285. Auch für die Durchdringung zweier Zylinderflächen leiten wir nach dem Vorbild von Nr. 277 ein ihm ähnliches Verfahren ab. Eine Ebene nämlich, die beide Zylinderflächen in Erzeugenden schneidet, muß den Erzeugenden beider parallel sein. Deshalb erhalten wir als *allgemeines Verfahren für die Durchdringung zweier Zylinderflächen, die Hilfsebenen parallel zu den Erzeugenden beider Flächen zu legen.*

Zu seiner Durchführung bestimmen wir zunächst eine Ebene Δ, zu der die Hilfsebenen parallel sind, dadurch, daß wir durch einen beliebig gewählten Punkt die Parallele zu den Erzeugenden der einen und die Parallele zu den Erzeugenden der anderen Zylinderfläche ziehen, und suchen ihre Spuren d_1 und d_2 in den Ebenen, die die Leitkurven k_1 und k_2 der beiden Zylinderflächen tragen. Dann hat jede zu Δ parallele Ebene E in den Ebenen von k_1 und k_2 Spuren e_1 und e_2, von denen $e_1 \parallel d_1$ und $e_2 \parallel d_2$ ist; auch begegnen einander e_1 und e_2 — ebenso wie d_1 und d_2 — in einem Punkt der Geraden p, in der die Ebenen von k_1 und k_2 einander schneiden. Durch jeden Schnittpunkt zwischen e_1 und k_1 geht eine Erzeugende der ersten und durch jeden Schnittpunkt zwischen e_2 und k_2 geht eine Erzeugende der zweiten Zylinderfläche, so daß wir in E zwei Gruppen von parallelen Geraden erhalten; ihre Schnittpunkte gehören beiden Flächen an und sind somit Punkte der Durchdringungskurve.

An die Stelle des Hilfsebenenbüschels, den wir bei den Verfahren von Nr. 277 und Nr. 281 hatten, tritt jetzt die Schar der zu Δ parallelen Ebenen und an die Stelle der beiden Strahlenbüschel zwei Parallelenbüschel. *Aber die Sätze von Nr. 278 und Nr. 279 gelten, und von den in Nr. 280 behandelten Unterfällen kann der zweite eintreten.* Nur der Unterschied besteht, daß in jeder Hilfsebene die in ihr liegenden Erzeugenden — anstatt nach den Kegelscheiteln — in den ihnen eigenen Richtungen zu ziehen sind.

286. Aufgabe: *Gegeben* sind in Fig. 91 die Risse zweier Kreiszylinder, von denen der erste zu der Aufrißtafel senkrechte und der zweite zu ihr parallele Erzeugende besitzt. *Gesucht* sind die Risse der Durchdringungskurve.

Der erste Kreiszylinder ist gerade und hat, wenn wir seinen Leitkreis z unmittelbar in der Aufrißtafel Π_2 liegend annehmen, diesen zum Aufriß. Deshalb bilden die Bögen von z'', die innerhalb des scheinbaren Umrisses des zweiten Kreiszylinders liegen, den Aufriß der Durchdringungskurve, und wir brauchen nur noch ihren Grundriß zu konstruieren. Der zweite Kreiszylinder kann schief oder gerade sein; doch setzen wir in Fig. 91 voraus, daß die Ebene seines Leitkreises $\mathfrak{z}$ auf Π_2 senkrecht steht. Diese Ebene nehmen wir als Tafel Π_3 eines an den Aufriß anschließenden Seitenrisses, tragen in diesen aber zunächst nur den Bildkreis $\mathfrak{z}'''$ von $\mathfrak{z}$ ein.

Es sind also die Kreise z und $\mathfrak{z}$ die in Nr. 284 benutzten Leitkurven und Π_2 und Π_3 ihre Ebenen; mithin müssen wir für die Ebene Δ die Spuren d_2 und d_3 in diesen beiden Rißtafeln angeben: Wir wählen einen beliebigen Punkt der Rißachse a_{23} und legen durch ihn, da Δ wie die Erzeugenden des ersten Zylinders auf Π_2 senkrecht steht, d_2 parallel zu den Erzeugenden des zweiten Zylinders und d_3 senkrecht zu a_{23}. Die Spuren e_2 und e_3 einer beliebigen, zu Δ parallelen Hilfsebene E sind parallel zu d_2 und d_3 zu ziehen. Übertragen wir dann die

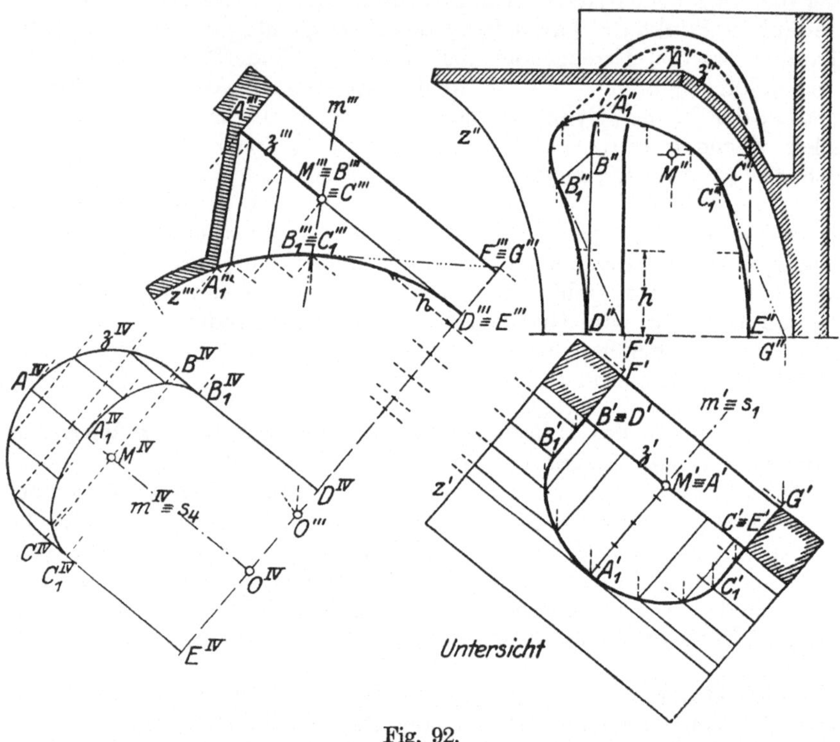

Fig. 92.

Schnittpunkte X_1'', X_2'' zwischen e_2 und z'' und die Schnittpunkte Y_1''', Y_2''' zwischen e_3 und $\mathfrak{z}'''$ — die letzteren nach Nr. 37 mit Hilfe des gemeinsamen Aufrisses Y'' und des Abstandsunterschiedes h (siehe Fig. 91) — in den Grundriß, so laufen durch die gewonnenen Punkte X_1', X_2' und Y_1', Y_2' die Grundrisse der in E enthaltenen Erzeugenden der beiden Zylinder und liefern in ihren Schnittpunkten vier Punkte der gesuchten Bildkurve.

Die Ebene Σ, die zu Π_3 parallel durch den Mittelpunkt M von $\mathfrak{z}$ läuft, hat Spuren s_1 und s_3, die durch die Risse von M parallel zu den Rißachsen a_{12} und a_{13} gehen. Sie steht einerseits auf den Erzeugenden des ersten Zylinders senkrecht; andererseits enthält sie die Mittellinie des zweiten Zylinders und steht auf der Ebene Π_3 seines Leitkreises $\mathfrak{z}$ senkrecht; also ist sie (vgl. Nr. 259) eine gemeinsame Symmetrieebene beider Zylinderflächen und folglich (Nr. 276) zugleich ihrer Durchdringungskurve. Deshalb ist nach dem dritten Satz von Nr. 260 s_1 Symmetrieachse der gesuchten Bildkurve.

Da der zweite Zylinder, wie der Aufriß unmittelbar erkennen läßt, den ersten durchbohrt, läuft die Durchdringungskurve um ihn herum und wird durch gleichmäßig auf ihm verteilte Erzeugende in ungefähr gleichmäßig verteilten Punkten getroffen. Aus diesem Grunde teilen wir den Seitenriß $\mathfrak{z}'''$ seines Leitkreises wie in Nr. 283 in zwölf gleiche Teile, ziehen durch die Teilpunkte die Seitenrißspuren der Hilfsebenen und verfahren, wie soeben angedeutet wurde. Fig. 91 zeigt, daß es vorteilhaft ist, bei der Teilung von $\mathfrak{z}'''$ auszugehen von den Endpunkten der auf s_3 liegenden Durchmessersehne; denn dann liefern wenige Hilfslinien eine ausreichende Anzahl von Paaren symmetrischer Punkte der Bildkurve, und unter diesen zugleich die meisten der nach Nr. 281 besonders zu beachtenden Punkte. Es fehlen nur die Punkte, in denen die Bildkurve an den scheinbaren Umriß der ersten Zylinderfläche herantritt; wir finden sie, wie Fig. 91 zeigt, indem wir eine Hilfsebene parallel zu Δ durch die Erzeugende des ersten Zylinders legen, deren Fußpunkt B der linke Endpunkt der wagerechten Durchmessersehne von z ist. Hierauf ist die Figur wie in Nr. 283 fertigzustellen.

287. Eine *Stichkappe* ist die Überwölbung einer Licht- oder Durchgangsöffnung in einem größeren Gewölbe. In der Regel gehört sie einer Zylinder- oder Kegelfläche an, deren Leitkurve in einer scheitelrechten Wandfläche liegt und die eine scheitelrechte Symmetrieebene besitzt. Die Leitkurve schließt sich der Fenster- oder Türform an und ist infolgedessen meist ein Kreis oder setzt sich aus einem Kreisbogen und zwei scheitelrechten Geraden zusammen. Aus den beiden Teilen, in die die Rohrverbindung von Fig. 90 durch die Ebene der Kegelerzeugenden *4* und *10* zerlegt wird, und ebenso aus Fig. 91 lassen sich durch Veränderung der Maße *Stichkappen an der Widerlagsmauer eines Tonnengewölbes* ableiten; ihre Verschneidungen sind im wesentlichen ebenso wie die Durchdringungskurven in jenen Figuren zu konstruieren. Wir zeigen dies in der folgenden

Aufgabe: *Gegeben* sind für eine kreiszylindrische Stichkappe[1] an der Widerlagsmauer eines Tonnengewölbes der Grundriß und die Schnittfigur mit ihrer Symmetrieebene. *Gefordert* ist die Konstruktion der Risse der Verschneidungslinie, insbesondere eines Aufrisses bei gedrehter Lage des Grundrisses.

Die Herstellung von Fig. 92 beginnen wir damit, daß wir den gegebenen Grundriß in gedrehter Lage zeichnen. Als an ihn anschließenden „dritten" Riß fügen wir die in der Symmetrieebene Σ enthaltene

---

[1] Bei dieser und den übrigen Stichkappen ist alles, was nicht zum geometrischen Verständnis nötig ist, wie Anschläge, Fensterbänke usw., fortgelassen worden.

Schnittfigur hinzu, wobei der in Betracht kommende Teil des Tonnengewölbes durch den Kreisbogen z''' (mit dem Mittelpunkt O''') dargestellt wird. An diesen Riß wiederum anschließend zeichnen wir einen vierten Riß, dessen Tafel der Widerlagsmauer parallel läuft, jedoch nur so viel von ihm, als unbedingt nötig ist; in ihm zeigt die Leitkurve der Stichkappe ihre wahre Gestalt, den Halbkreis $B^{IV} A^{IV} C^{IV} \equiv \mathfrak{z}^{IV}$ nebst seinen Tangenten $B^{IV} D^{IV}$ und $C^{IV} E^{IV}$.

Die Richtung der Erzeugenden der Stichkappe gibt ihre durch den Mittelpunkt M von $\mathfrak{z}$ gehende *Achse m* an, deren Risse m' und m^{IV}

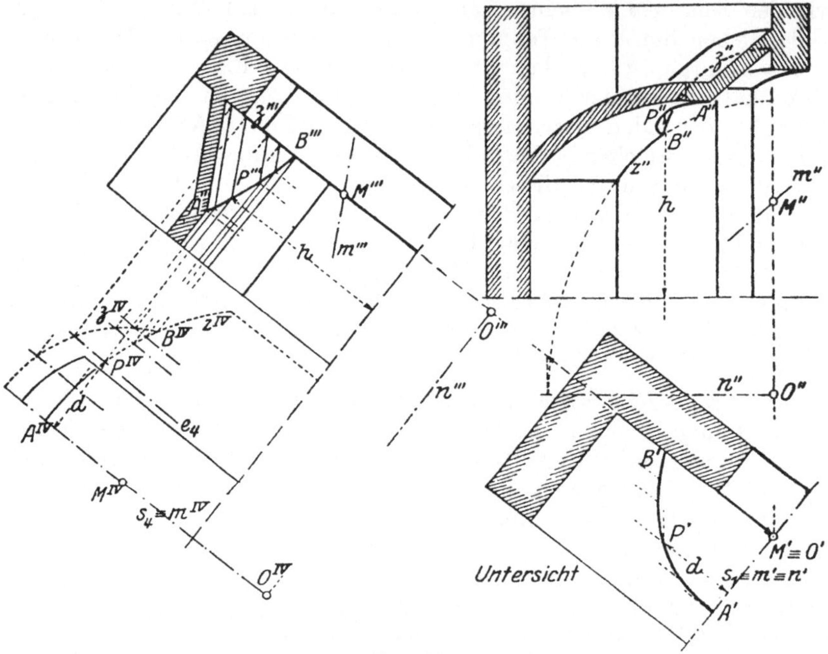

Fig. 93.

mit den Spuren s_1 und s_4 von Σ übereinstimmen. Infolgedessen setzt sich die Fläche der Stichkappe zusammen aus dem Teil einer schiefen Kreiszylinderfläche, der durch den Kreisbogen BAC und die Mittellinie m bestimmt ist, und aus den Ebenen, die zu m parallel durch BD und CE laufen. Der zuerst genannte Flächenteil hat mit der geraden Kreiszylinderfläche des Tonnengewölbes eine Verschneidungslinie $B_1 A_1 C_1$, deren Grundriß wir mit Hilfe des dritten und vierten Risses genau so wie in Fig. 91 mit Hilfe des zweiten und dritten Risses herstellen[1]). Die beiden Ebenen ferner schneiden die Fläche des Tonnengewölbes in

---

[1]) Dabei ist es ein unwesentlicher Unterschied, daß wir den Grundriß der Übersichtlichkeit halber als Untersicht ausbilden und auch im vierten Riß die Bildkurve eintragen.

den Bögen DB_1, EC_1, deren Grundrisse die geraden Strecken $D'B_1'$, $E'C_1'$ und deren dritte Risse die vereinigten Kreisbögen $D'''B_1'''$, $E'''C_1'''$ sind.

Endlich fügen wir noch den Aufriß nach den Regeln von Nr. 38 hinzu, wobei wir die vorkommenden Ellipsenbögen nach Nr. 175 und den scheinbaren Umriß des Zylinders der Stichkappe als zu $A''A_1''$, $B''B_1''$ und $C''C_1''$ parallele Tangente des Bogens $B''A''C''$ eintragen. Bei den kurzen Bögen $D''B_1''$ und $E''C_1''$ jedoch können wir uns damit begnügen, mit Hilfe des Grundrisses und des Seitenrisses in der Weise, wie dies in Fig. 92 angedeutet ist, ihre Endtangenten $D''B''$, $B_1''F''$ und $E''C''$, $C_1''G''$, sowie je einen Punkt zu bestimmen. Hierbei ist noch folgendes zu beachten: Wäre der Bogen BAC kleiner als ein Halbkreis, so hätte die Stichkappe die Erzeugenden BB_1 und CC_1 zu scharfen Kanten und die Verschneidungslinie die Punkte B_1 und C_1 zu Knickpunkten. In unserem Fall aber sind die Ebenen BB_1D und CC_1E Tangentialebenen der schiefen Kreiskegelfläche und liefern durch ihre Schnittgeraden mit der Tangentialebene, die zu der Erzeugenden B_1C_1 des Tonnengewölbes gehört, in jedem der Punkte B_1 und C_1 für die in ihm zusammenstoßenden Teile der Verschneidungslinie dieselbe Tangente. Deshalb muß auch der Kurvenbogen $B_1'A'C'$ die Geraden $B_1'F'$ und $C_1'G'$ und der Kurvenbogen $B_1''A_1''C_1''$ die Geraden $B_1''F''$ und $C_1''G''$ zu Tangenten haben. Wir haben hier in einem besonderen Fall einen Satz gefunden, den wir sogleich in allgemeiner Fassung aussprechen dürfen:

Wenn die eine von zwei sich durchdringenden Flächen aus zwei verschiedenen Teilen besteht, die längs einer Grenzlinie einander berührend zusammenstoßen, so überschreitet die Durchdringungskurve die Grenzlinie ohne Knick.

288. Ist eine *kreiszylindrische Stichkappe an der Stirnwand eines Tonnengewölbes* zu konstruieren, so tritt der Fall ein, der in Nr. 280 an zweiter Stelle aufgeführt wurde: Die Leitkreise der beiden in Betracht kommenden Zylinderflächen liegen in derselben Ebene, nämlich in der der Stirnwand. Wir behandeln ihn in der

Aufgabe: *Gegeben* sind für eine kreiszylindrische Stichkappe an der Stirnwand eines Tonnengewölbes der Grundriß und die Schnittfiguren mit ihrer Symmetrieebene und der Stirnwand. *Gefordert* ist die Konstruktion der Risse der Verschneidungslinie, insbesondere eines Aufrisses bei gedrehter Lage des Grundrisses.

Die Mittellinien n und m der geraden Kreiszylinderfläche des Tonnengewölbes und der schiefen Kreiszylinderfläche der Stichkappe liegen in einer Ebene, die scheitelrecht und zu der Stirnwand senkrecht ist; sie ist die Symmetrieebene Σ (Nr. 259) der beiden Flächen und somit (Nr. 276) ihrer Verschneidungslinie. Der Übersichtlichkeit des geforderten Aufrisses wegen zeichnen wir von vornherein nur die Risse der einen der beiden Hälften, in die Σ die gesamte räumliche Figur zerlegt. Im übrigen aber ordnen wir in Fig. 93 die Risse genau so an, wie dies in Nr. 287 für Fig. 92 entwickelt wurde; dabei benutzen wir die Stirnwand unmittelbar als Tafel des vierten Risses, so daß von der in ihr liegenden Schnittfigur die beiden Leitkreise z und $\mathfrak{z}$ mit ihren Bildkreisen z^{IV} und $\mathfrak{z}^{IV}$ zusammenfallen. Jedoch ist nur ein Teil der Durchdringungskurve der Zylinderflächen Verschneidungslinie der Stichkappen; er ist begrenzt durch die beiden Schnittpunkte der Leitkreise z und $\mathfrak{z}$, von denen in Fig. 93 nur der eine, B, auftritt, und nur diesen Teil konstruieren wir.

Da die Ebene Σ die Mittellinien m und n enthält, kann sie als die Ebene Δ des Verfahrens von Nr. 285 dienen; also ist für jede Hilfsebene E die vierte Spur e_4 parallel zu der vierten Spur s_4 von Σ. Von den beiden Erzeugenden, die E aus den in Betracht kommenden Teilen der beiden Zylinderflächen ausschneidet, hat die eine einen dritten Riß, der mit der Ordnungslinie [3, 4] des Schnittpunktes — P^{IV} — zwischen e_4 und z^{IV} zusammenfällt, während für die andere der Schnittpunkt zwischen e_4 und $\mathfrak{z}^{IV}$ durch Ordnungslinie [3, 4] nach $\mathfrak{z}'''$ zu übertragen und durch den erhaltenen Punkt die Parallele zu m''' zu ziehen ist. Der Schnittpunkt P''' (siehe Fig. 93) dieser beiden im dritten Riß gezeichneten Geraden und der Punkt P^{IV} sind Risse des in E enthaltenen Punktes der Verschneidungslinie und gestatten, seinen Grundriß P' und seinen Aufriß P'' mit Hilfe der Abstandsunterschiede d und h einzutragen.

Auf Grund dieser Bemerkungen ist die Konstruktion ähnlich wie in Nr. 287 zu Ende zu führen. Der Kurvenbogen $A'''B'''$ ist nicht nur der dritte Riß der in Fig. 93 vorausgesetzten Hälfte, sondern der ganzen Verschneidungslinie (vgl. den zweiten Satz von Nr. 260); wir werden in Nr. 302 nochmals auf ihn zurückkommen.

III. Durchdringungskurven krummer Flächen: Flächen mit Kreisschnitten.

Flächen mit parallelen Kreisschnitten.

289. Die Verfahren von Nr. 277, Nr. 281 und Nr. 285 können auch als Vorbilder für die Konstruktion der Durchdringungskurven von Flächen dienen, die in geraden Linien zu schneiden unmöglich (oder unzweckmäßig) ist; sie führen zu dem folgenden *allgemeinen Gedanken aller Verfahren dieser Art*: Wir suchen eine Schar von Hilfsebenen — in besonderen Fällen auch von anderen Hilfsflächen — auf, für deren Schnittkurven mit den beiden gegebenen Flächen wir die Risse wenigstens in einer Tafel bequem herstellen können. Ist dann E eine solche Hilfsebene (oder Hilfsfläche) und sind c_1, c_2 ihre Schnittkurven mit den beiden Flächen, so ist jeder Schnittpunkt zwischen den Bildkurven von c_1 und c_2 der Riß eines Punktes P, der beiden Flächen und somit ihrer Durchdringungskurve angehört; aus ihm folgen die weiteren Risse von P mit Hilfe der Tatsache, daß P in E liegt.

Wir ziehen hier nur Fälle in Betracht, in denen als Hilfskurven Kreise auftreten, und erhalten sofort als *allgemeines Verfahren für die Konstruktion der Durchdringungskurve zweier Flächen, die von einer Schar paralleler Ebenen entweder beide in Kreisen oder die eine in Kreisen und die andere in Geraden geschnitten werden: aus diesen Ebenen die Hilfsebenen zu nehmen und eine ihnen parallele Rißtafel hinzuzuziehen.*

Wir können bei ihm dieselben Untersuchungen vornehmen, die wir an das Verfahren von Nr. 277 angeknüpft haben: *Auch hier gelten die Sätze von Nr. 278;* nur treten in dem ersten Satz von Nr. 278 an die Stelle der Kegel- oder Zylindererzeugenden, die Tangenten der Durchdringungskurve sind, jetzt die Tangenten von Kreisen, die in Hilfsebenen liegen, und somit diese Kreise selbst.

Als Anwendung dieses Verfahrens ist die Vorschrift aufzufassen, die in Nr. 272 für die Konstruktion der Risse der Schnittkurve zwischen einer Ebene und einer in Grundstellung befindlichen Drehfläche gegeben wurde. Ein etwas weiter führendes Beispiel liefert die folgende

Aufgabe: *Gegeben* sind die Risse einer Drehfläche in Grundstellung und die Risse der scheitelrechten Ebenen und der wagerecht liegenden Zylinderflächen,

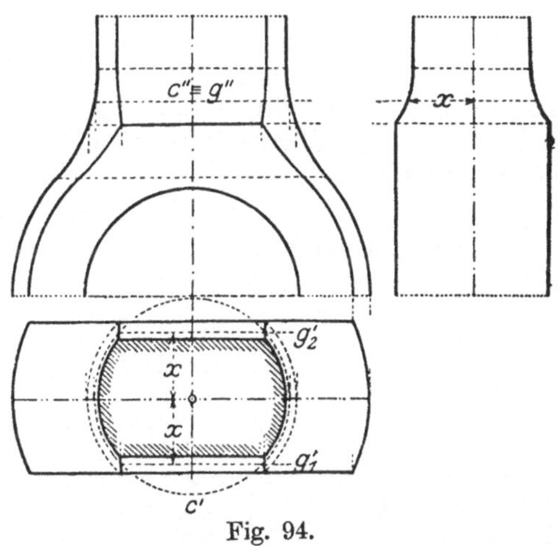

Fig. 94.

durch die aus der Drehfläche ein *Schubstangenkopf* ausgeschnitten wird. *Gesucht* sind die Risse der Verschneidungslinien.

Wir konstruieren in Fig. 94, in der nur ein Teil des Schubstangenkopfes dargestellt ist, die Risse der ebenen Verschneidungslinien nach Nr. 271 und erhalten dabei berührend ineinander übergehende Kurvenbögen von der Art der in Fig. 86 gezeichneten. Dagegen ergeben sich auf den scharfen Kanten, in denen die unteren Ebenen und die Zylinderflächen zusammenstoßen, Knickpunkte. Die Risse der Verschneidungslinien zwischen der Drehfläche und den beiden Zylinderflächen stellen wir nach dem soeben gefundenen Verfahren so her, wie es durch eine wagerechte Hilfsebene angedeutet ist, die den Breitenkreis c der Drehfläche und die Zylindererzeugenden g_1, g_2 trägt.

290. Zu den Flächen, für die das Verfahren von Nr. 289 in Frage kommt, gehören außer den Drehflächen und der Kugel auch die geraden und schiefen Kreiszylinder- und Kreiskegelflächen; denn jede Ebene, die zu der Leitkreisebene parallel ist, schneidet eine solche Fläche in einem Kreis, dessen Mittelpunkt auf der Mittellinie liegt und dessen Halbmesser gleich dem des Leitkreises oder nach der ersten Aufgabe von Nr. 207 zu bestimmen ist. Deshalb kann das Verfahren von Nr. 289 auch für die Aufgaben von Nr. 283, Nr. 284, Nr. 286, Nr. 287, Nr. 288 angewendet werden. Für alle Fälle, in denen man die Wahl zwischen zwei verschiedenen Verfahren oder auch zwischen zwei verschiedenen Gestaltungen desselben Verfahrens hat, gilt die allgemeine Regel:

Sind für die Herstellung der Risse einer Durchdringungskurve mehrere Verfahren anwendbar, so benutzt man jedes von ihnen an den Stellen, für die es sowohl zu den bequemsten als auch zu den genauesten Konstruktionen führt.

Aber gerade hinsichtlich der Genauigkeit müssen wir eine Einschränkung machen: Wenn auf einem Teil der Durchdringungskurve die Tangentialebenen, die in jedem Punkt zu den beiden Flächen gehören, einen sehr kleinen Winkel miteinander bilden, so kann für diesen Teil der Riß durch kein Verfahren genau konstruiert werden; die Durchdringungskurve selbst tritt bei einem räumlichen Modell an dieser Stelle nicht scharf hervor.

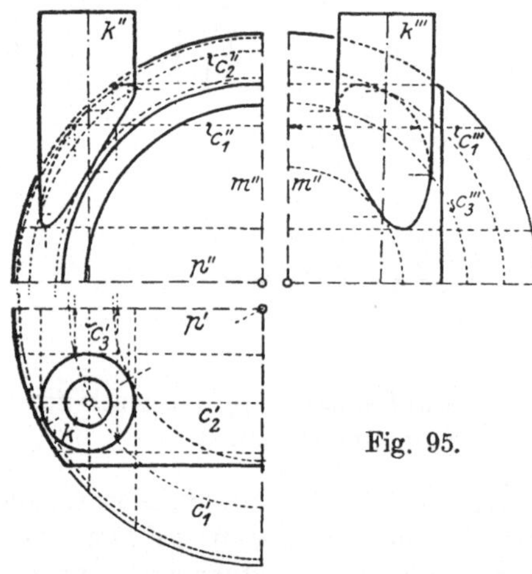

Fig. 95.

Als erstes Beispiel für unser Verfahren diene die

Aufgabe: *Gegeben* sind Grund-, Auf- und Kreuzriß einer Kugel und eines aufrecht stehenden geraden Kreiszylinders. *Gesucht* sind die Risse der Durchdringungskurve.

In Fig. 95 handelt es sich also darum, im Aufriß und im Kreuzriß für den Teil der Durchdringungskurve, der auf dem gezeichneten Achtel der Kugel liegt, die Bildkurven herzustellen; denn der Grundriß der Kurve stimmt überein mit dem des Leitkreises k des Zylinders. Die Hilfsebenen können in dreifacher Weise gewählt werden: *erstens* zur Grundrißtafel, *zweitens* zur Aufrißtafel, *drittens* zur Kreuzrißtafel parallel; jedesmal sind die Risse der Kreise, die sie in die Kugel einschneiden, nach Nr. 195 einzutragen. Die Hilfsebenen erster Art begegnen dem Kreiszylinder in Kreisen, deren gemeinsamer Grundriß k'

ist, die Hilfsebenen zweiter und dritter Art in Geraden, deren Aufrisse und Kreuzrisse aus den Schnittpunkten zwischen ihren Grundrißspuren und k' ohne weiteres folgen. Die weitere Durchführung der Konstruktion ist in Fig. 95 für jede Art der Hilfsebenen unmittelbar aus den Beispielen der Kreise c_1, c_2, c_3 zu entnehmen. Die Kreise c_2 und c_3 führen zugleich zu den Punkten auf den scheinbaren Umrissen des Kreiszylinders, und außerdem sind noch von jeder der drei Arten der Hilfsebenen diejenigen berücksichtigt, die nach Nr. 278 den für die Konstruktion wirksamen Bereich begrenzen und infolgedessen für die Bildkurven Punkte mit angebbaren Tangenten liefern.

Stünde an der Stelle des geraden Kreiszylinders ein gerader Kreiskegelstumpf, so müßten für die Punkte auf seinen scheinbaren Umrissen die Ebenen der Kreise c_2 und c_3, im übrigen aber nur Hilfsebenen erster Art benutzt werden. Wird die obere Hälfte der Kugel so abgeschnitten und mit einer zylindrischen Bohrung versehen, wie dies die starken Linien in Fig. 95 andeuten, so entsteht *ein Lagerdeckel mit Angüssen für Schrauben*.

Ersetzen wir in Fig. 95 die Kugel durch eine Drehfläche, deren Drehachse die scheitelrechte Gerade m oder die wagerechte Gerade p ist, so sind nur die Hilfsebenen erster Art bzw. nur die Hilfsebenen dritter Art anzuwenden. Das erste tritt z. B. ein bei einem *Schubstangenkopf mit kreiszylindrischen Längsbohrungen für Schrauben*, das zweite bei gewissen *Flanschenformstücken*, die zu Rohrabzweigungen dienen.

291. Ein weiteres Beispiel liefert die

Aufgabe: *Gegeben* sind in Fig. 96 Grund- und Aufriß eines Teiles eines *Kugelgewölbes mit kreiszylindrischen Stichkappen. Gesucht* sind die Risse der Verschneidungslinien.

Da die Stichkappen sämtlich kongruent sind und die scheitelrechten Mittelebenen ihrer Fensteröffnungen zu Symmetrieebenen haben, konstruieren wir in Fig. 96 zuerst die Risse der Verschneidungslinie für die linke Stichkappe (1), die durch ihre zu der Aufrißtafel parallele Symmetrieebene abgeschnitten ist, und benutzen dabei als Kreuzriß den Aufriß der Stichkappe (3), deren Symmetrieebene zu der Aufrißtafel senkrecht steht. Die Fläche der Stichkappe setzt sich zusammen aus dem Teil einer schiefen Kreiszylinderfläche, der durch den Halbkreis BAC und die Mittellinie m bestimmt ist, und aus den scheitelrechten Berührungsebenen der durch B und C gehenden Zylindererzeugenden. Diese Ebenen gehören zu der hier möglichen *ersten Art* der Hilfsebenen, die zu der Aufrißtafel parallel sind, und schneiden die Kugel in Kreisen mit dem gemeinsamen Aufriß c''. Die beiden Kreise tragen in ihren unteren Teilen zu der Verschneidungslinie bei und zwar bis zu den Punkten B_1 und C_1, in denen sie die durch B und C laufenden Zylindererzeugenden treffen; B_1 und C_1 haben ihren gemeinsamen Aufriß in dem Schnittpunkt zwischen c'' und m''. In derselben Weise wird mit Hilfe der zur Aufrißtafel parallelen Durchmesserebene der Aufriß des Punktes A_1 ermittelt, der als Schnittpunkt zwischen der durch A gehenden Zylindererzeugenden und der Kugel der höchste Punkt der Verschneidungslinie ist. Die anderen Risse dieser Punkte ergeben sich unmittelbar durch die Ordnungslinien.

Für die übrigen Punkte des Kurvenbogens $B_1 A_1 C_1$ konstruieren wir die Risse mit der hier möglichen *zweiten Art* von Hilfsebenen, die zu der Kreuzrißtafel parallel sind. In Fig. 96 sind für eine solche Ebene E ihre Spuren e_1, e_2 eingetragen; sie schneidet die Kugel in dem Kreis k, dessen Kreuzriß k''' nach Nr. 195 zu zeichnen ist, und die Zylinder-

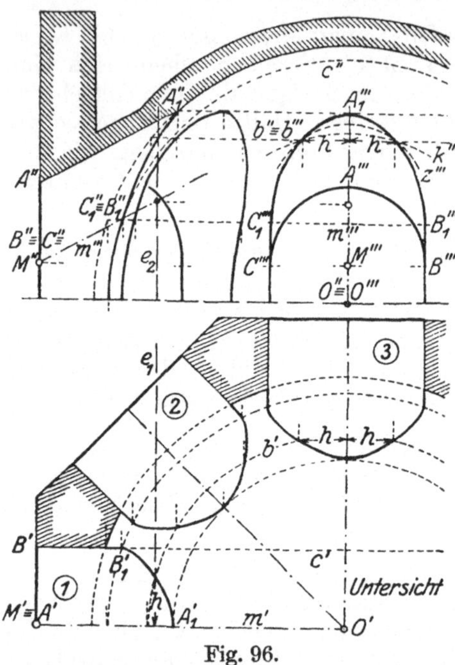

fläche, da sie zu der Ebene ihres Leitkreises parallel ist, in dem zu diesem kongruenten Kreis z, dessen Kreuzriß z''' dadurch bestimmt wird, daß der Mittelpunkt von z auf m liegt und somit den Schnittpunkt zwischen e_2 und m'' zum Aufriß hat. Die Schnittpunkte von k''' und z''' sind die Kreuzrisse der in E liegenden Punkte des Kurvenbogens $B_1 A_1 C_1$ und gestatten, unmittelbar den gemeinsamen Aufriß — durch Vermittlung des Abstandsunterschiedes h oder auch des Kreises b, den die wagerechte Ebene der Punkte aus der Kugel ausschneidet, — und die zugehörigen Grundrisse zu finden, von denen bei (1) nur der eine in Betracht kommt.

Fig. 96.

Die Grundrisse der Stichkappen (2) und (3) setzen sich je aus zwei zueinander symmetrischen und dem Bogen $A_1' B_1'$ kongruenten Kurvenbögen zusammen. Von den Aufrissen haben wir bereits den der Stichkappe (3) als Kreuzriß erhalten und brauchen nur noch den der Stichkappe (2) als zu dem gedrehten Grundriß (2) gehörigen Aufriß nach Nr. 42 zu zeichnen. Nach dem Satz von Nr. 287 setzen sich die verschiedenartigen Teile der Verschneidungslinien berührend aneinander, so daß nirgends Knickpunkte auftreten. Der Kurvenbogen $B_1'' A_1''$ ist nach dem zweiten Satz von Nr. 260 der Aufriß des ganzen Bogens $B_1 A_1 C_1$ und wird in Nr. 303 nochmals zu erwähnen sein.

Wird die Kreiszylinderfläche der Stichkappe durch eine Kreiskegelfläche ersetzt, so können nur die Hilfsebenen zweiter Art (vgl. den ersten Satz von Nr. 207) benutzt werden. Ist die Kreiszylinderfläche jedoch gerade, so sind auch wagerechte Hilfsebenen möglich, und solche sind allein brauchbar, wenn es sich dabei nicht um ein Kugelgewölbe handelt, sondern um ein *Kuppelgewölbe*, d. h. um eine anders gestaltete Drehfläche mit scheitelrechter Drehachse.

Drehflächen mit einander schneidenden Drehachsen.

292. Unter Umständen ist es zweckmäßig, für die Konstruktion einer Durchdringungskurve auch andere Flächen als Ebenen zu Hilfe zu nehmen. Das ist der Fall insbesondere bei zwei Drehflächen, deren Drehachsen sich in einem Punkt O begegnen. Jede Kugel nämlich, deren Mittelpunkt O ist, durchsetzt nach dem letzten Satz von Nr. 262 beide Drehflächen, wenn überhaupt, in Breitenkreisen; und diese haben, weil ihre Ebenen auf der gemeinsamen Meridianebene M der beiden Flächen senkrecht stehen, bei rechtwinkliger Projektion auf eine Tafel, zu der M parallel ist, Strecken zu Rissen. Nehmen wir in Fig. 97 M parallel zur Aufrißtafel und greifen eine bestimmte Hilfskugel K heraus, so ist der Kreis, den sie in M einzeichnet, nach Nr. 193 ihr wahrer Umriß u; ihr scheinbarer Umriß u'' begrenzt, wenn b ein auf K liegender Breitenkreis der ersten und c ein ebensolcher der zweiten Drehfläche ist, ihre Bildstrecken b'' und c''. Die Schnittgerade der Ebenen von b und c hat zum Spurpunkt den Schnittpunkt P'' der beiden Geraden, auf denen b'' und c'' liegen, und trifft K in zwei Punkten P_1 und P_2, wenn P'' von u'' umschlossen wird und somit den Bildstrecken b'' und c'' selbst angehört; dann sind nach dem ersten Satz von Nr. 194 P_1 und P_2 zwei Punkte, die den beiden Kreisen b und c und folglich auch den beiden Drehflächen, d. h. ihrer Durchdringungskurve angehören. Wir haben also in P'' einen Punkt der Bildkurve erhalten, der gleichzeitig der Riß von zwei Punkten P_1, P_2 der Durchdringungskurve ist. In der Tat tritt hier der zweite Satz von Nr. 260 in Kraft, da M als gemeinsame Meridianebene der beiden Drehflächen Symmetrieebene ihrer Durchdringungskurve ist.

Wir haben in diesem Falle, was bemerkenswert ist, die Möglichkeit, für die Bildkurve in einer Rißtafel beliebig viele Punkte zu konstruieren, ohne irgendeinen anderen Riß zu Hilfe ziehen zu müssen. Vielmehr können wir aus der hier gewonnenen Bildkurve, wie in Nr. 294 an einem Beispiel gezeigt werden soll, die Bildkurven in anderen Rißtafeln ableiten. Also erhalten wir als *allgemeines Verfahren für die Konstruktion der Durchdringungskurve zweier Drehflächen, deren Drehachsen einander schneiden: eine Ebene, die der Ebene der beiden Drehachsen parallel ist, als Rißtafel einzuführen und Hilfskugeln um den Schnittpunkt der Drehachsen zu legen.*

Wie bei dem Verfahren von Nr. 289 gelten auch hier *Sätze, die denen von Nr. 278 entsprechen.*

293. Aufgabe: *Gegeben* sind in Fig. 97 die Grundrisse zweier — den *Fuß einer Kransäule mit Anguß für den Ausleger* bildenden —

Drehflächen, deren Drehachsen einen Schnittpunkt O haben und in einer zu der Aufrißtafel parallelen Ebene liegen. *Gesucht* ist der Aufriß der Verschneidungslinie s.

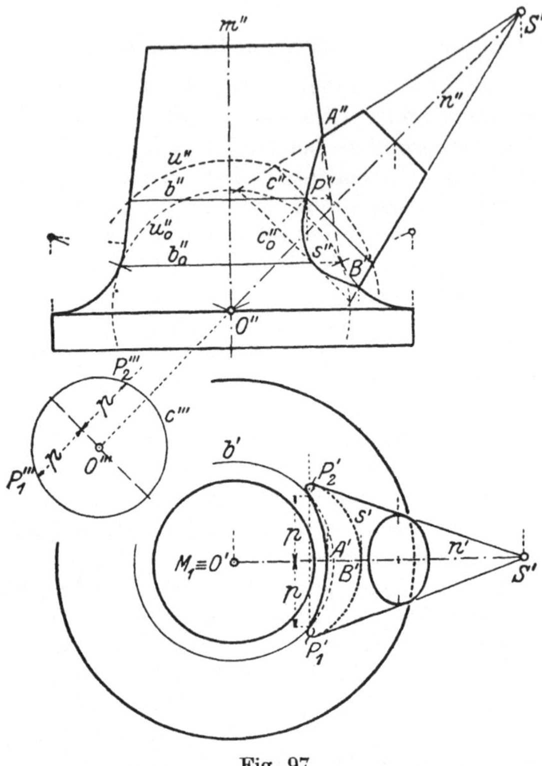

Fig. 97.

Infolge der Stellung der Drehachsen m und n können wir den Aufriß s'' unmittelbar nach Nr. 292 herstellen. Schlagen wir um O'' einen Kreis u'', der die scheinbaren Umrisse beider Drehflächen schneidet, so haben wir in den Strecken, die durch diese Schnittpunkte begrenzt und zu m'' bzw. n'' senkrecht sind, die Aufrisse der Breitenkreise der beiden Flächen, die auf der durch u'' dargestellten Hilfskugel liegen; von ihnen begegnen sich bei dem in Fig. 97 eingetragenen Kreis u'' zwei, b'' und c'', in einem Punkt P'', der im Innern von u'' liegt und somit der Bildkurve s'' angehört. Dadurch, daß wir den Halbmesser von u'' verändern, kommen wir zu beliebig vielen Punkten von s''. Jedoch gibt es einen kleinsten Kreis, den wir hierbei benutzen können, nämlich den Kreis u_0'', der den scheinbaren Umriß der aufrechtstehenden Drehfläche berührt und die Strecken b_0'', c_0'' liefert[1]); da die durch u_0'' dargestellte Kugel die aufrecht stehende Drehfläche längs des Breitenkreises b_0 berührt (Nr. 265) und somit die kleinste, für die Konstruktion noch wirksame Hilfskugel ist, muß nach dem ersten Satz von Nr. 278 die Durchdringungskurve s den Kreis c_0 in seinen Schnittpunkten mit b_0 und ihre Bildkurve s'' die Gerade c_0'' in ihrem Schnittpunkt mit b_0'' berühren.

---

[1]) Kreise, deren Halbmesser nur wenig größer sind als der von u_0'', haben schleifende Schnitte mit dem Umriß der aufrechtstehenden Drehfläche; über ihre Vermeidung vgl. die Anmerkung zu Nr. 271.

Die Hilfskreise durch die Punkte A'' und B'', in denen die scheinbaren Umrisse der beiden Drehflächen einander begegnen, liefern diese Punkte selbst als Grenzpunkte des Bogens, den wir als Bildkurve s'' erhalten. A'' und B'' sind die Aufrisse der Punkte A und B, in denen die wahren Umrisse, d. h. die in der gemeinsamen Meridianebene befindlichen Meridiankurven der beiden Drehflächen einander schneiden. Die Durchdringungskurve s trägt also die Punkte A, B und hat in ihnen, da die zugehörigen Tangentialebenen beider Drehflächen zu der Aufrißtafel senkrecht stehen (Nr. 266), zu den Projektionsstrahlen parallele Tangenten; deshalb berührt s'' in A'' und B'' die scheinbaren Umrisse der Fläche nicht. (Vgl. den letzten Satz von Nr. 266.)

294. Aufgabe: *Gegeben* sind dieselben Risse wie in der Aufgabe von Nr. 291 und die im Aufriß durchgeführte Konstruktion der Verschneidungslinie s. *Gesucht* ist der Grundriß von s.

Um den Grundriß s' herzustellen, zeichnen wir nach Nr. 269 die Grundrisse der für den Aufriß benutzten Breitenkreise der aufrecht stehenden Drehfläche und schneiden in sie durch Ordnungslinien [1, 2] die Grundrisse der Punkte ein, deren Aufrisse zur Einzeichnung von s'' gedient haben — wie dies in Fig. 97 durch b', P_1', P_2' angedeutet ist. Da A und B in der durch m und n bestimmten Ebene liegen, sind A' und B' Punkte von n'. Wir erkennen sofort, daß die Kurve s' in Übereinstimmung mit dem zweiten Satz von Nr. 260 die Symmetrieachse n' und die Scheitel A', B' besitzt. Da ferner die schrägstehende Drehfläche ein Kegelstumpf ist, können wir ihren scheinbaren Umriß nach Nr. 206 eintragen; er muß von s' berührt werden und endet in den Berührungspunkten. Auch auf die gemeinsame (in Fig. 97 nicht eingetragene) Tangente von s' und s'', die in eine Ordnungslinie [1, 2] fällt (Nr. 258), ist zu achten.

Jedoch drängen hierbei die zu benutzenden Ordnungslinien [1, 2] sich sehr eng an der einen Seite der Kreise im Grundriß zusammen und liefern deshalb die Punkte, besonders in der Nähe von A' und B', durch ungünstige Schnitte. Zeichnen wir dagegen in einem an den Aufriß anschließenden Seitenriß, dessen Tafel auf n senkrecht steht, die Risse der für den Aufriß benutzten Breitenkreise der schrägstehenden Drehfläche, so werden in diese die Seitenrisse der Punkte von s durch Ordnungslinien [2, 3] eingeschnitten, wie dies in Fig. 97 durch c''', P_1''', P_2''' angedeutet ist. Diese Ordnungslinien aber verteilen sich, da s um die schrägstehende Drehfläche herumläuft, gleichmäßiger über den Raum, den die Kreise im Seitenriß einnehmen, und haben infolgedessen mit ihnen auch im allgemeinen günstigere Schnittpunkte. Es ist also vorteilhafter, statt unmittelbar den Grundriß zu konstruieren, diesen Seitenriß so weit auszuführen, daß mit Hilfe der aus ihm zu entnehmenden Abstandsunterschiede die Punkte von s' auf den Ordnungslinien [1,2] eingetragen werden können, wie dies in Fig. 97 durch P_1', P_2', P_1''', P_2''', p angedeutet ist.

Gerade Kreiskegel- und Kreiszylinderflächen mit einander schneidenden Mittellinien.

295. Berühren zwei gerade Kreiskegel- oder Kreiszylinderflächen dieselbe Kugel K_0 je längs eines Kreises, so müssen, da sie Drehflächen sind, ihre Mittellinien m und n nach Nr. 265 durch den Mittelpunkt O von K_0 gehen; also gelten für die Durchdringungskurve der beiden Flächen die Erörterungen von Nr. 292 und Nr. 293. Wir denken uns

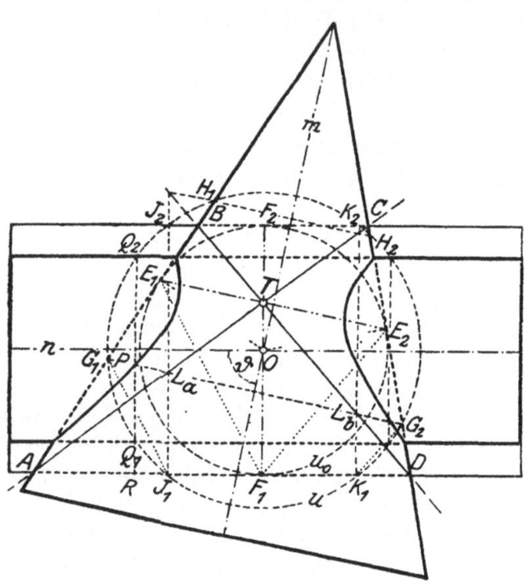

nun als Beispiel in Fig. 98 eine gerade Kreiskegelfläche und eine ebensolche Zylinderfläche mit einer gemeinsamen Berührungskugel K_0 so gestellt, daß die durch m und n bestimmte Ebene zu einer Rißtafel parallel ist, lassen aber, da wir andere Tafeln zunächst nicht benutzen, die zur Bezeichnung des Risses dienenden Striche bei den Buchstaben fort. Dann bilden die scheinbaren Umrisse der beiden Flächen ein Viereck $ABCD$ und werden von dem Kreis u_0, der der scheinbare Umriß von

Fig. 98.

K_0 ist, in den Punkten E_1, E_2 und F_1, F_2 berührt. Die Strecken E_1E_2 und F_1F_2 sind die Risse der Kreise, in denen K_0 die beiden Flächen berührt, und der Schnittpunkt T der Geraden E_1E_2 und F_1F_2 ist, wenn er innerhalb von u_0 liegt, der Riß von zwei Punkten T_1 und T_2, die als Punkte der Durchdringungskurve der beiden Flächen nach Nr. 292 durch die Hilfskugel K_0 geliefert werden.

Um nun nach dem Verfahren von Nr. 292 den Riß der Durchdringungskurve zu konstruieren, legen wir um O den Hilfskreis u; seine Schnittpunkte mit den scheinbaren Umrissen der beiden Flächen bezeichnen wir so, daß von den sie verbindenden Geraden G_1G_2 und H_1H_2 zu m senkrecht, also zu E_1E_2 parallel, J_1J_2 und K_1K_2 zu n senkrecht, also zu F_1F_2 parallel sind. Die Schnittpunkte dieser vier Geraden sind die Risse von je zwei Punkten der Durchdringungskurve, sofern sie von u umschlossen werden; dies ist in Fig. 98 z. B. der Fall bei den Schnittpunkten L_a und L_b von G_1G_2 mit J_1J_2 und K_1K_2, während von den Schnittpunkten zwischen H_1H_2 und den Geraden J_1J_2 und K_1K_2 der eine außerhalb von u liegt. *Aber unabhängig hiervon gehören die vier Schnittpunkte stets den Geraden AC und BD an.* Wir zeigen dies für L_a und L_b folgendermaßen:

Wir können auf unsere Figur den Satz von Nr. 215 zweimal anwenden, indem wir die in ihm vorkommenden

Punkte	$A_1, B_1, C_1, P_1, T_1, X_1, Z_1$
das eine Mal durch	$E_1, F_1, F_2, E_2, A, T, C$
und das andere Mal durch	$E_1, F_2, F_1, E_2, B, T, D$

ersetzen; dann folgt, daß die Geraden AC und BD durch T laufen. Ferner erkennen wir sofort, daß

$$AE_1 = AF_1, \quad E_1G_1 = F_1J_1 \quad \text{und somit} \quad E_1F_1 \parallel G_1J_1,$$
$$DE_2 = DF_1, \quad E_2G_2 = F_1K_1 \quad \text{und somit} \quad E_2F_1 \parallel G_2K_1$$

ist. Also haben sowohl die Dreiecke TE_1F_1 und $L_aG_1J_1$ als auch die Dreiecke TE_2F_1 und $L_bG_2K_1$ paarweis parallele Seiten, und es folgt aus diesen beiden Paaren von ähnlichen und ähnlich gelegenen Dreiecken (vgl. Nr. 215), daß die Gerade TL_a durch den Schnittpunkt A von E_1G_1, F_1J_1 und die Gerade TL_b durch den Schnittpunkt D von E_2G_2, F_1K_1 läuft, d. h., daß L_a auf AC und L_b auf BD liegt.

Dieses Ergebnis gilt nicht nur für das Beispiel von Fig. 98, sondern auch für zwei Kegelflächen und für zwei Zylinderflächen. Nach ihm wird die Durchdringungskurve, deren Riß in den Geraden AC und BD enthalten ist, durch die Ebenen, die parallel zu den Projektionsstrahlen durch AC und BD laufen, aus jeder der beiden Flächen ausgeschnitten und besteht deswegen aus zwei Kegelschnitten. Erinnern wir uns noch dessen, was oben über die Punkte T_1 und T_2 gesagt wurde, so erkennen wir, daß, sobald sie vorhanden sind, durch sie die beiden Kegelschnitte hindurchgehen und in jedem von ihnen beide Flächen dieselbe Tangentialebene, nämlich die von K_0, besitzen. Somit ergibt sich der Satz:

Zwei gerade Kreiskegel- oder Kreiszylinderflächen, die eine und dieselbe Kugel je längs eines Kreises berühren, durchdringen sich in zwei Kegelschnitten und berühren einander in den beiden gemeinsamen Punkten derselben, wofern solche vorhanden sind.

296. Zwei gerade Kreiszylinderflächen, deren Leitkreise denselben Halbmesser r besitzen und deren Mittellinien m und n durch einen Punkt O laufen, berühren die Kugel mit dem Mittelpunkt O und dem Halbmesser r längs zwei größten Kreisen (Nr. 193), und diese begegnen einander in den Endpunkten A, B der Durchmessersehne der Kugel, die zu der Ebene Σ von m und n senkrecht steht. Infolgedessen besteht nach dem Satz von Nr. 295 die Durchdringungskurve der beiden Zylinderflächen aus zwei Kegelschnitten, und zwar nach Nr. 190 aus zwei Ellipsen, die den Mittelpunkt O und die Durchmessersehne AB gemeinsam haben. AB ist die kleine Achse der beiden Ellipsen; die großen Achsen C_1D_1 und C_2D_2 sind die Diagonalen des Rhombus, den die in Σ enthaltenen Erzeugenden der beiden Flächen bilden. Hierdurch kommen wir zu der Lösung der

Aufgabe: *Gegeben* sind die Risse zweier geraden Kreiszylinderflächen mit gleichen Halbmessern und einander schneidenden Mittellinien. *Gesucht* sind die Risse der Ellipsen, in denen die Flächen einander durchdringen.

Wir bestimmen die Ebene Σ und die Risse des Durchmessers AB und des Rhombus $C_1C_2D_1D_2$; dann haben wir in jeder Tafel für die Risse beider Ellipsen je ein Paar konjugierter Durchmessersehnen und brauchen nur noch die Punkte aufzusuchen, in denen sie die scheinbaren Umrisse berühren.

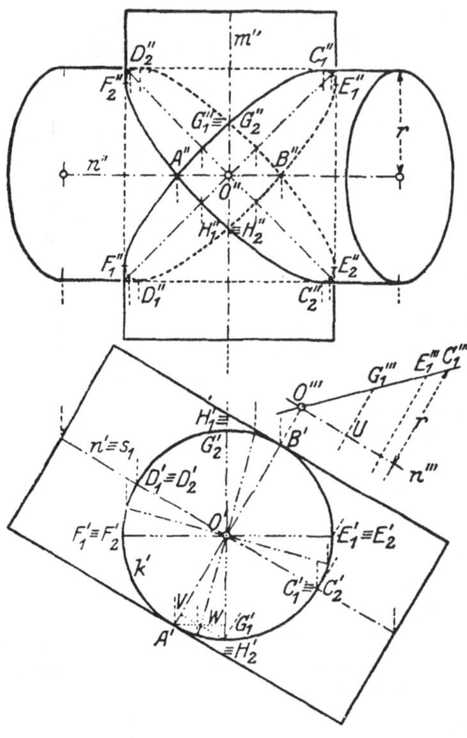

Fig. 99.

In Fig. 99 führen wir die Aufgabe für den Fall durch, daß die Mittellinie m der einen Zylinderfläche zu der Grundrißtafel senkrecht und die Mittellinie n der anderen Zylinderfläche zu der Grundrißtafel parallel ist. Dann stimmen die Grundrisse der beiden Ellipsen mit dem des Leitkreises k der ersten Zylinderfläche überein, so daß nur ihre Aufrisse zu konstruieren sind. Σ ist scheitelrecht mit der Grundrißspur $s_1 \equiv n'$, und die Risse von AB, C_1D_1, C_2D_2 ergeben sich, wie aus Fig. 99 ersichtlich. Aus den Paaren konjugierter Durchmessersehnen $A''B''$, $C_1''D_1''$ und $A''B''$, $C_2''D_2''$ sind die Aufrißellipsen nach Nr. 170 herzustellen; sie sind, da die durch O laufende wagerechte Ebene eine gemeinsame Symmetrieebene der Zylinderflächen ist, nach Nr. 276 und Nr. 260 zueinander in bezug auf n'' symmetrisch und somit kongruent. In den Punkten C_1'', D_1'', C_2'', D_2'' berühren sie den scheinbaren Umriß der liegenden Zylinderfläche. Mit Hilfe eines an die Grundrißtafel anschließenden Seitenrisses, dessen Tafel zu Σ parallel ist und von dem wir in Fig. 99 nur den notwendigen Teil einzeichnen, folgen die Berührungspunkte E_1'', F_1'', E_2'', F_2'' der Aufrißellipsen mit dem scheinbaren Umriß der stehenden Zylinderfläche und zwei auf m'' liegende gemeinsame Punkte $G_1'' \equiv G_2''$, $H_1'' \equiv H_2''$ (scheinbare Schnittpunkte) aus der wagerechten Durchmessersehne $E_1'F_1' \equiv E_2'F_2'$ von k' und der dazu senkrechten Durchmessersehne $G_1'H_1' \equiv G_2'H_2'$.

Bei der Konstruktion der Ellipsen zeigt sich, daß ihre Achsen die Diagonalen des Quadrates sind, das die scheinbaren Umrisse der beiden Flächen bilden. In der Tat: Da der Abstand zwischen C_1''' und n''' ebenso wie der zwischen C_1'' und n'' gleich dem Halbmesser r der Leitkreise und somit auch gleich $O'C_1'$ ist, bildet $O'''C_1'''$ mit n''' einen Winkel von $45°$; deshalb ist aber — siehe Fig. 99 — $UG_1''' = UO'''$ $= G_1'V = WA' = O''A''$ und, da $O''G_1'' = UG_1'''$, auch $O''A'' = O''G_1''$. Infolgedessen ist die den beiden Ellipsen gemeinsame Sehne $A''G_1''$ zu der einen der erwähnten Quadratdiagonalen parallel und wird von der anderen gehälftet; hieraus aber folgt nach dem zweiten Satz von Nr. 145, daß die Diagonalen für beide Aufrißellipsen konjugierte Durchmesser und zwar, da sie rechtwinklig sind, die Achsen sein müssen. Nunmehr können wir auch die Längen der Achsen unmittelbar bestimmen, da ihnen im Grundriß das Paar rechtwinkliger Durchmessersehnen von k' entspricht, von denen die eine zu $A'G_1'$ parallel ist und die andere $A'G_1'$ hälftet.

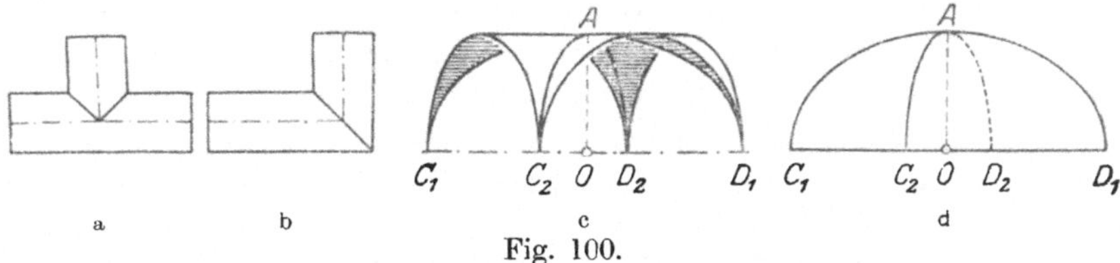

a   b   c   d

Fig. 100.

Fig. 99 kann als Darstellung eines *Rohrkreuzes* aufgefaßt werden; ganz ähnlich sind die in Fig. 100, *a* und *b*, angedeuteten Rohrverbindungen zu behandeln. Ebenso gehören hierher das *Kreuzgewölbe* (Fig. 100, *c*) und das *Klostergewölbe* (Fig. 100, *d*).

297. Wir kehren wieder zu Fig. 98, d. h. zu der geraden Kreiskegelfläche (Mittellinie m) und der geraden Kreiszylinderfläche (Mittellinie n) zurück, die eine Kugel K_0 berühren, und nehmen eine zweite gerade Kreiszylinderfläche hinzu, die ebenfalls die Mittellinie n besitzt. Den Riß der Durchdringungskurve zwischen der Kegelfläche und der zweiten Zylinderfläche konstruieren wir wie in Nr. 295 und erhalten insbesondere mittels des Hilfskreises u den Punkt P als Schnittpunkt zwischen G_1G_2 und der zu n senkrechten Strecke Q_1Q_2, deren Endpunkte auf u und dem scheinbaren Umriß der zweiten Zylinderfläche liegen. Treffen sich die Geraden Q_1Q_2 und AD in R und ist ϑ der spitze Winkel zwischen m und n, $90° - \vartheta$ also der spitze Winkel zwischen G_1G_2 und AD, so sind PR, L_aJ_1, L_bK_1 die aus P, L_a, L_b auf AD gefällten Lote und nach dem zweiten Satz von Nr. 47

$$RJ_1 = PL_a \cdot \cos(90° - \vartheta) = PL_a \cdot \sin\vartheta\,,$$
$$RK_1 = PL_b \cdot \cos(90° - \vartheta) = PL_b \cdot \sin\vartheta\,.$$

Ferner ist die Potenz des Punktes R in bezug auf den Kreis u sowohl gleich $RJ_1 \cdot RK_1$ als auch gleich $RQ_1 \cdot RQ_2$, so daß wir

$$RJ_1 \cdot RK_1 = RQ_1 \cdot RQ_2$$

haben. Aus diesen drei Gleichungen folgt

$$P L_a \cdot P L_b = \frac{RQ_1 \cdot RQ_2}{\sin^2 \vartheta}$$

oder, da RQ_1 die Differenz d und RQ_2 die Summe s der Leitkreisradien der beiden Zylinderflächen sind,

$$P L_a \cdot P L_b = \frac{d \cdot s}{\sin^2 \vartheta} \; .$$

Verändern wir nun den Hilfskreis u, so bewegen sich L_a auf AC, L_b auf BD und P auf dem Riß der Durchdringungskurve so, daß die Gerade $P L_a L_b$ ihre — zu m senkrechte — Richtung und das Produkt $P L_a \cdot P L_b$ den konstanten Wert $\dfrac{d \cdot s}{\sin^2 \vartheta}$ behält. Also tritt der letzte Satz von Nr. 243 in Kraft: Nach ihm liegt P auf einer Hyperbel, deren Asymptoten AC und BD sind. Dieselbe Hyperbel ergibt sich auch als Ort der weiteren Punkte der Bildkurve, die außer P aus dem Hilfskreis u folgen. Deshalb kommen wir, wenn wir noch die Erörterungen von Nr. 292 und Nr. 293 hinzuziehen, zu dem Satz:

Wird die Durchdringungskurve einer geraden Kreiskegelfläche und einer geraden Kreiszylinderfläche, deren Mittellinien m und n durch einen Punkt O gehen, rechtwinklig auf eine zu der Ebene von m und n parallele Tafel projiziert, so besteht die Bildkurve aus zwei Bögen einer Hyperbel, die in den Schnittpunkten der scheinbaren Umrisse der beiden Flächen enden. Um die Asymptoten der Hyperbel zu finden, legt man um den Riß von O den Kreis, der die Umrißerzeugenden der Kegelfläche berührt, bestimmt seine zu n parallelen Tangenten und zieht in dem so erhaltenen Tangentenviereck die Diagonalen.

298. Aufgabe: *Gegeben* sind die Risse eines geraden Kreiskegels mit scheitelrechter Mittellinie m und eines geraden Kreiszylinders, dessen Mittellinie n zu beiden Tafeln parallel ist und m trifft. *Gefordert* ist die Konstruktion der Risse der Durchdringungskurve.

Für den Aufriß gilt der Satz von Nr. 297. Wir konstruieren in Fig. 101 genau wie in Fig. 98 die Asymptoten der Hyperbel mit Hilfe des Kreises u_0'', der den Aufriß O'' des Schnittpunktes von m und n zum Mittelpunkt hat und den scheinbaren Umriß der Kegelfläche in E_1'', E_2'' berührt. Aus der Symmetrie der Figur folgt, daß m'' und $E_1'' E_2''$ die Winkel zwischen den Asymptoten hälften und somit die Achsen der Hyperbel sind. Dabei sind aber zwei Fälle zu unterscheiden:

Im ersten Fall (Fig. 101a) schneidet der Kreis u_0'' den scheinbaren Umriß der Zylinderfläche; er ist der kleinste Kreis, der für das Verfahren von Nr. 292 wirksam ist, und liefert nach ihm zwei auf der Achse $E_1'' E_2''$ liegende Punkte, also die Scheitel der Hyperbel, so daß $E_1'' E_2''$ Hauptachse und m'' Nebenachse ist.

Im zweiten Fall (Fig. 101 b) wird der scheinbare Umriß der Zylinderfläche von u_0'' nicht geschnitten, sondern von einem größeren, um O'' gelegten Kreis u_1'' berührt; nunmehr ist u_1'' der kleinste für das Ver

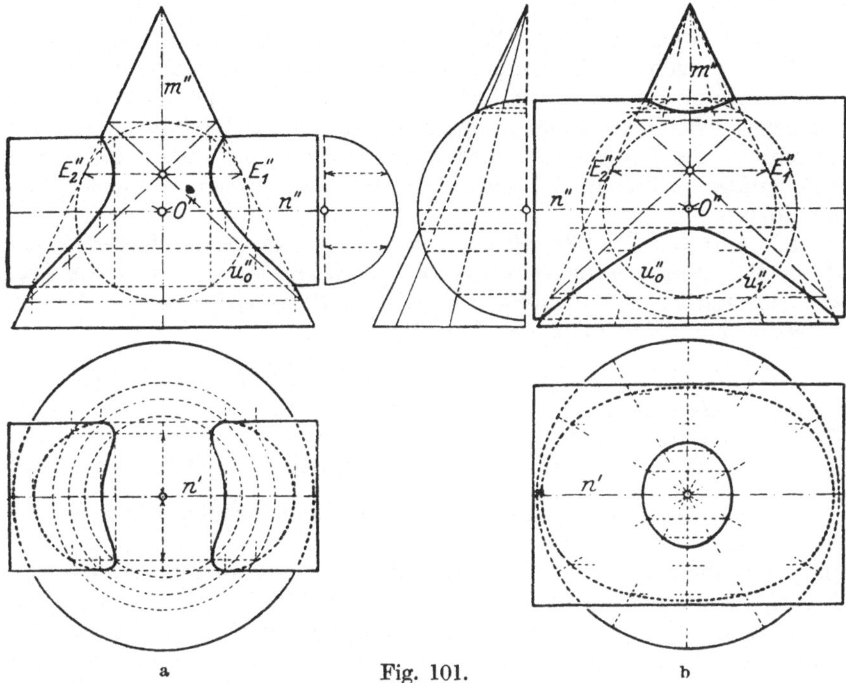

a   Fig. 101.   b

fahren von Nr. 292 wirksame Kreis und liefert in zwei auf m'' liegenden Punkten die Scheitel der Hyperbel. Jetzt ist also m'' Hauptachse und $E_1'' E_2''$ Nebenachse.

Da wir auch den Grundriß der Durchdringungskurve eintragen müssen, genügt es nicht, ihren Aufriß als Hyperbel herzustellen. Vielmehr werden wir nur ihre Scheitelkrümmungskreise (Nr. 250) und die Endtangenten der in Betracht kommenden Bögen (Nr. 245) für die möglichst gute Einzeichnung derselben benutzen, im übrigen aber eins der Verfahren dieses und des vorangegangenen Kapitels anwenden. Zunächst bietet sich das von Nr. 292 dar; aber die Schnittpunkte der um O'' gelegten Kreise mit den scheinbaren Umrissen der beiden Flächen sind zum Teil sehr ungünstig. Für den ersten Fall ist das Verfahren von Nr. 289 (wagerechte Hilfsebenen unter Hinzufügung eines Kreuzrisses) und für den zweiten Fall das von Nr. 281 (vgl. die Aufgabe von Nr. 283) vorzuziehen; die Durchführung ist in Fig. 101a und Fig. 101b angedeutet.

Im ersten Fall wird der Kegel von dem Zylinder durchbohrt; dies kommt z. B. vor bei einem *Hahnengehäuse*, das in ein Rohr eingefügt ist, und bei zylindrischen Angüssen an kegelförmigen Teilen von *Lagerschalen*. Im zweiten Fall dringt der Kegel in den Zylinder ein, z. B. wenn ein *konisches Schmierloch* in den Hohlzylinder eines Lagers geführt wird.

299. In dem Beweis des Satzes von Nr. 297 kann die gerade Kreiskegelfläche auch durch eine gerade Kreiszylinderfläche mit der Mittellinie m ersetzt werden. Dann tritt in Fig. 98 an die Stelle des Tangentenviereckes $ABCD$ ein Tangentenparallelogramm des Kreises u_0, also ein Rhombus; die Diagonalen eines solchen aber gehen durch O, stehen aufeinander senkrecht und hälften die Winkel zwischen m und n. Mithin folgt:

Der Satz von Nr. 297 gilt auch für zwei gerade Kreiszylinderflächen, deren Mittellinien einander schneiden; jedoch ergeben sich in diesem Fall die Asymptoten der Hyperbel als die Halbierungslinien der Winkel zwischen den Bildgeraden der Mittellinien.

Beispiele hierfür sind insbesondere die *Verbindungen von Rohren verschiedenen Durchmessers*. Für die Durchführung der Konstruktion ist dasselbe wie im vorletzten Absatz von Nr. 298 zu sagen; und zwar empfiehlt sich das Verfahren von Nr. 285 (vgl. die Aufgabe von Nr. 286).

Nehmen wir hingegen zwei gerade Kreiskegelflächen, deren Mittellinien einander schneiden, so können wir den Beweis von Nr. 297 auf sie nicht übertragen, ohne die benutzten Sätze, insbesondere den von Nr. 243 wesentlich zu erweitern; aber auch für sie gilt der Satz von Nr. 297. Überhaupt sind dieser Satz und der von Nr. 295 nur Sonderfälle zweier sehr viel allgemeineren Sätze: Die geraden und schiefen Kreiskegel- und Kreiszylinderflächen, die Kugeln und auch die Zylinderflächen, deren Leitkurven Kegelschnitte sind, gehören zu der Familie der *Flächen zweiten Grades*. Die Durchdringungskurve von irgend zwei solchen Flächen ist im allgemeinen eine Raumkurve, die mit jeder Ebene höchstens vier Schnittpunkte besitzt; sie hat jeden Berührungspunkt der beiden Flächen zum Knoten, zerfällt aber in zwei Kegelschnitte, sobald zwei Berührungspunkte vorhanden sind. Jedoch kann dieses Zerfallen, wie der Satz von Nr. 295 lehrt, auch unter anderen Bedingungen eintreten. — Durch eine Raumkurve dieser Art gehen ferner außer den beiden sie bestimmenden noch unendlich viele Flächen zweiten Grades, unter denen bis vier Kegel- oder Zylinderflächen sein können; in dem Beispiel der Fig. 98 haben wir außer den beiden gegebenen Flächen noch eine hyperbolische Zylinderfläche, die ebenfalls die Durchdringungskurve trägt, nämlich diejenige, deren Leitkurve die in Nr. 297 gefundene Hyperbel ist und deren Erzeugende Projektionsstrahlen sind. Hierdurch erklärt es sich, daß das Verfahren von Nr. 292 auch zu den Punkten der Hyperbel führt, die außerhalb der scheinbaren Umrisse der beiden gegebenen Flächen liegen und deshalb für die Durchdringungskurve selbst nicht in Betracht kommen; es liefert eben zunächst — in den Schnittlinien der Ebenen der Kreise, die durch die Hilfskugeln aus den gegebenen Flächen ausgeschnitten werden — die Erzeugenden der hyperbolischen Zylinderfläche, indem es ihre Spurpunkte in der Rißtafel bestimmt.

Für die Aufgaben der darstellenden Geometrie sind noch andere Sonderfälle der erwähnten allgemeinen Sätze von Bedeutung; einige von ihnen sollen im folgenden behandelt werden.

Weitere besondere Fälle.

300. Wenn eine gerade Kreiszylinderfläche — mit der Mittellinie m — und eine schiefe Kreiszylinderfläche — mit der Mittellinie n — denselben Kreis k tragen, so gehen m und n durch den Mittelpunkt O von k, und m steht auf der Ebene von k senkrecht. Die durch m und n bestimmte Ebene Σ steht ebenfalls auf der Ebene von k senkrecht und ist infolgedessen nach Nr. 259 gemeinsame Symmetrieebene der beiden Zylinderflächen. Stellen wir in Fig. 102 die Flächen so, daß Σ zu der Aufrißtafel parallel ist, so ist die Bildstrecke der in Σ liegenden Durchmessersehne AB von k der Aufriß von k, während die in Σ enthaltenen Erzeugenden — die ein Parallelogramm $ACBD$ mit dem Diagonalenschnittpunkt O bilden — die scheinbaren Umrisse der beiden Flächen liefern.

Der Kreis k und die Punkte C, D gehören zu der Durchdringungskurve. Weitere Punkte finden wir nach dem Verfahren von Nr. 289 durch Hilfsebenen, die zu der Ebene von k parallel, also, da in Fig. 102 m scheitelrecht steht, wagerecht sind. E sei eine solche und e_2 ihre Aufrißspur; sie schneidet die beiden Zylinderflächen in zwei Kreisen b und c, die zu k kongruent sind, und für deren Mittelpunkte M, N die Aufrisse durch m'' und n'' in e_2 eingezeichnet werden. Im Grundriß von Fig. 102, in den wir außer O', k' und der mit der Spur s_1 von Σ vereinigten Bildgeraden n' nur b' und c' einzeichnen wollen, ist $M' \equiv O'$, $b' \equiv k'$ und c' ein mit k' kongruenter Kreis. Die Schnittpunkte X_1', X_2' von b' und c' sind die Grundrisse der beiden in E enthaltenen Punkte X_1, X_2 der Durchdringungskurve; ihre gemeinsame Ordnungslinie trifft e_2 in dem gemeinsamen Aufriß X'' von X_1 und X_2 und, da b' und c' kongruent sind, n' in der Mitte X' der Strecke $M'N'$. Also haben wir

$$M'X' = X'N', \qquad M''X'' = X''N''.$$

Ziehen wir nun durch C'' die Parallele zu $A''B''$ und zu e_2, so werden auf ihr durch m'' und n'' zwei in C'' zusammenstoßende Strecken abgegrenzt, die gleich $O''A''$ und gleich $O''B''$, also einander gleich sind. Deshalb liegt X'' auf der Geraden $O''C''$.

Die Kreise $b' \equiv k'$ und c' haben nur Schnittpunkte, solange e_2 zwischen C'' und D'' hindurchgeht, und fallen zusammen, wenn $e_2 \equiv A''B''$ ist. Infolgedessen haben alle nicht zu k gehörigen Punkte der Durchdringungskurve ihre Aufrisse auf der Strecke $C''D''$; sie sind somit Punkte einer ebenen Kurve, deren Ebene längs CD auf der Symmetrieebene Σ senkrecht steht, d. h. einer Ellipse, die durch diese Ebene sowohl aus der geraden wie aus der schiefen Kreiszylinderfläche ausgeschnitten wird. Die Ellipse und der Kreis k begegnen einander in zwei Punkten, deren gemeinsamer Aufriß O'' ist; jeder dieser Punkte ist ein Knoten der Durchdringungskurve und hat für beide Flächen dieselbe, durch die Tangenten des Kreises k und der Ellipse bestimmte Tangentialebene. Deshalb gilt der Satz (vgl. Nr. 279):

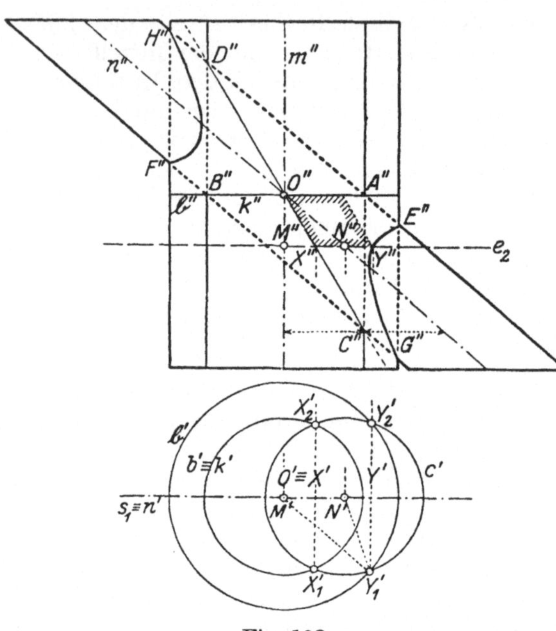

Wenn eine gerade und eine schiefe Kreiszylinderfläche einen Kreis gemeinsam haben, so schneiden sie sich außerdem noch in einer Ellipse und berühren einander in den beiden Punkten, in denen der Kreis und die Ellipse einander begegnen.

301. Wir fügen zu den in Nr. 300 behandelten Flächen eine zweite gerade Kreiszylinderfläche hinzu, die ebenfalls die Mittellinie m besitzt und in die Ebene von k einen zweiten Kreis $\mathfrak{b}$ mit dem Mittelpunkt O einge-

Fig. 102.

zeichnet. Auch für sie liefern die Erzeugenden, die in Σ enthalten sind und die schiefe Kreiszylinderfläche in den Punkten E, G und F, H durchbohren, den scheinbaren Umriß in Fig. 102. Die Durchdringungskurve der zweiten geraden Kreiszylinderfläche und der schiefen Kreiszylinderfläche trägt die Punkte E, F, G, H und hat nach dem zweiten Satz von Nr. 276 Σ zur Symmetrieebene, so daß für sie der zweite Satz von Nr. 260 und die Bemerkungen im letzten Absatz von Nr. 293 gelten: Ihr Aufriß wird aus zwei Kurvenbögen bestehen, von denen jeder zwei der Punkte E'', F'', G'', H'' verbindet, und jeder Punkt dieser Kurvenbögen ist der Bildpunkt zweier symmetrischen Punkte.

Die Konstruktion des Aufrisses der Durchdringungskurve führen wir genau in derselben Weise wie in Nr. 300 aus; es treten nur der Kreis $\mathfrak{b}'$ und die Punkte Y_1', Y_2', Y', Y'' an die Stelle des Kreises k' und der Punkte X_1', X_2', X', X''. Bezeichnen wir nun den Halbmesser von b, c und k mit r, sowie den von $\mathfrak{b}$ mit $\mathfrak{r}$ und setzen wir

$$M'N' = M''N'' = t,$$

so folgt nach dem erweiterten pythagoreischen Lehrsatz aus dem Dreieck $M'N'Y_1'$ die Beziehung

$$\overline{M'Y_1'}^2 = \overline{N'Y_1'}^2 + \overline{M'N'}^2 \pm 2 \cdot M'N' \cdot N'Y'$$

oder

(1) $$N'Y' = \pm \tfrac{1}{2}\left(\frac{\mathfrak{r}^2 - r^2}{t} - t\right),$$

wobei das obere oder das untere Vorzeichen gilt, je nachdem $\sphericalangle M'N'Y_1' > 90°$ oder $\sphericalangle M'N'Y_1' < 90°$ ist.

Die Gerade e_2 trifft unabhängig davon, ob die Punkte X_1' und X_2' vorhanden sind (vgl. den zweiten Absatz von Nr. 300), die Gerade $O''C''$ in der Mitte von $M''N''$, die wir mit X'' bezeichnen und zu der als Grundriß die Mitte X' von $M'N'$ gehört; deshalb haben wir

(2) $$M'X' = X'N' = M''X'' = X''N'' = \tfrac{1}{2}t,$$

(3) $$X'Y' = X''Y''.$$

Setzen wir nun zunächst im Einklang mit Fig. 102 $r < \mathfrak{r}$ voraus, so liegen N' und Y' auf derselben Seite von X', und es ist

(4) $$X'Y' = X'N' \pm N'Y',$$

wobei das obere oder das untere Vorzeichen gilt, je nachdem $\sphericalangle M'N'Y_1' > 90°$ oder $\sphericalangle M'N'Y_1' < 90°$ ist. Aus (1) und (4) aber folgt, daß unabhängig von der Größe des Winkels $\sphericalangle M'N'Y_1'$

(5a) $$X'Y' = \frac{\mathfrak{r}^2 - r^2}{2t}$$

ist. Wenn wir nun den spitzen Winkel zwischen den Geraden m'' und n'' mit γ und den Flächeninhalt des durch die Seiten $O''X''$, $X''Y''$ bestimmten Parallelogrammes mit $(\# O''Y'')$ bezeichnen, so haben wir in dem rechtwinkligen Dreieck $O''M''N''$ $O''M'' = M''N'' \cdot \operatorname{ctg}\gamma$ und erhalten folglich

$$(\# O''Y'') = X''Y'' \cdot O''M'' = X''Y'' \cdot M''N'' \cdot \operatorname{ctg}\gamma$$

oder mit (3) und (5a)

(6a) $$(\# O''Y'') = \frac{\mathfrak{r}^2 - r^2}{2 \cdot \operatorname{tg}\gamma}.$$

Der Wert der rechten Seite von (6a) ist von der Lage von e_2 unabhängig, also konstant. Deshalb gehören die beiden Kurvenbögen $E''G''$ und $F''H''$, die den Aufriß der Durchdringungskurve bilden, nach dem letzten Satz von Nr. 241 einer Hyperbel an, deren Asymptoten die Geraden $A''B''$, $C''D''$ sind.

302. Wenn abweichend von Fig. 102 $r > \mathfrak{r}$ ist, erhalten wir in derselben Weise wie soeben — nur die Punkte M' und N' vertauschend — die Beziehung

(5b) $$X'Y' = \frac{r^2 - \mathfrak{r}^2}{2t}$$

und aus ihr die Gleichung

$$(6\,\mathrm{b}) \qquad\qquad (\#\,O''\,Y'') = \frac{r^2 - \mathfrak{r}^2}{2 \cdot \operatorname{tg} \gamma},$$

aus der dasselbe wie aus (6a) folgt. Nur liegen jetzt die Geraden $E''G''$ und $F''H''$ zwischen den Geraden $A''C''$ und $B''D''$, so daß die Punkte E'', H'' den einen und die Punkte F'', G'' den anderen Hyperbelbogen begrenzen müssen. Die Hyperbel ist also in dem anderen Scheitelwinkelpaar der Asymptoten enthalten wie vorher.

Hiernach erhalten wir alle möglichen Hyperbeln mit den Asymptoten $A''B''$ und $C''D''$, wenn wir die schiefe Kreiskegelfläche ungeändert lassen und die gerade unter Beibehaltung ihrer Mittellinie m durch Vergrößerung und Verkleinerung ihres Leitkreises verändern. Aber wir können unser Ergebnis noch etwas allgemeiner fassen: Sind eine gerade und eine schiefe Kreiszylinderfläche gegeben, deren Leitkreise parallele Ebenen und deren Mittellinien einen Schnittpunkt O besitzen, so zeichnen sie in die Ebene E_0, die durch O parallel zu den Leitkreisebenen läuft, zwei Kreise mit dem Mittelpunkt O ein. Nehmen wir noch die gerade Kreiszylinderfläche hinzu, deren Leitkreis der in E_0 gelegene Kreis der gegebenen schiefen Kreiszylinderfläche ist, so haben wir genau die Zusammenstellung, die wir an der Hand von Fig. 102 untersucht haben. Deshalb gilt der Satz:

Wenn eine gerade und eine schiefe Kreiszylinderfläche parallele Leitkreisebenen und durch einen Punkt O laufende Mittellinien m, n haben, so besteht bei rechtwinkliger Projektion auf die durch m und n bestimmte Ebene der Riß der Durchdringungskurve aus zwei Bögen einer Hyperbel; ihre Asymptoten ergeben sich nach Nr. 300 als Riß der Durchdringungskurve der schiefen Kreiszylinderfläche und derjenigen geraden, deren Leitkreis durch jene in die durch O gehende und zu m senkrechte Ebene eingezeichnet wird.

Für die Konstruktion kann die Anwendung dieses Satzes sehr vorteilhaft sein; der Kurvenbogen $A'''B'''$ in Nr. 288 allerdings, der auf Grund des Satzes ein Hyperbelbogen ist, muß in der dort angegebenen Weise hergestellt werden, weil aus ihm andere Risse abzuleiten sind.

303. Eine Kugel und eine Kreiszylinderfläche besitzen stets eine gemeinsame Symmetrieebene in der Ebene, die man durch den Kugelmittelpunkt senkrecht zu den Zylindererzeugenden legen kann (Nr. 259). Da diese Ebene auch (Nr. 276) Symmetrieebene der Durchdringungskurve ist, gehört, wenn die beiden Flächen einen Kreis k gemeinsam haben, zu der Durchdringungskurve außer k der Kreis, der das Spiegelbild von k in bezug auf jene Ebene ist. Diese beiden Kreise können als Kreise derselben Kugel (Nr. 194) zwei Schnittpunkte haben, für die dann dasselbe gilt wie im letzten Absatz von Nr. 300 für die Schnittpunkte des Kreises k und der Ellipse. Deshalb erhalten wir den Satz:

Wenn eine Kugel und eine Kreiszylinderfläche einen Kreis gemeinsam haben, so schneiden sie sich außerdem noch in einem zweiten und berühren einander in den etwa vorhandenen Schnittpunkten der beiden Kreise.

Bei einer geraden Kreiszylinderfläche ist dieser Satz nach dem letzten Satz von Nr. 262 selbstverständlich. Aber für eine schiefe Kreiszylinderfläche folgt, da man jeden der beiden Kreise als ihren Leitkreis benutzen kann, der Satz:

Eine schiefe Kreiszylinderfläche wird von zwei verschiedenen Scharen paralleler Ebenen in Kreisen geschnitten. (Wechselschnitte.)

Setzen wir eine schiefe Kreiszylinderfläche mit der Mittellinie m voraus und nehmen an Stelle der Kugel, die mit ihr einen Kreis k gemeinsam hat, eine zweite Kugel mit demselben Mittelpunkt Q, so können wir auf ähnlichem Wege wie den Satz von Nr. 302 einen ihm entsprechenden Satz beweisen: Bei rechtwinkliger Projektion auf eine Tafel, die zu der durch Q und m bestimmten Ebene parallel ist, hat die Durchdringungskurve als Riß einen oder zwei Bögen einer Hyperbel. Ein Beispiel hierfür ist der in Nr. 291 (Fig. 96) konstruierte Kurvenbogen $B_1'' A_1''$. Eine besondere Behandlung dagegen erfordert der Fall, daß die Kreiszylinderfläche gerade ist.

304. Wir nehmen eine Kugel mit dem Mittelpunkt Q und dem Halbmesser r_0, sowie eine gerade Kreiszylinderfläche, deren Mittellinie m ist und deren Leitkreis ebenfalls den Halbmesser r_0 hat, und stellen die beiden Flächen so, daß ihre, durch Q und m bestimmte, gemeinsame Symmetrieebene Σ zu einer Rißtafel parallel ist. Trifft der Durchmesser der Kugel, der in Σ liegt und auf m senkrecht steht, m in O, so können wir zur Herstellung des Risses der Durchdringungskurve in jener Tafel nach dem Verfahren von Nr. 292 um O Hilfskugeln legen. Wir schlagen also in Fig. 103, in der wir wie in Fig. 98 die zur Bezeichnung des Risses dienenden Striche fortlassen, um O einen Hilfskreis u_1, verbinden die Punkte, in denen er den scheinbaren Umriß der Zylinderfläche schneidet, durch die zu m senkrechten Geraden $F_1 F_2$, $G_1 G_2$ und ziehen die zu m parallele Sehne $K_1 K_2$, die u_1 mit dem scheinbaren Umriß u_0 der Kugel gemeinsam hat; dann sind die beiden Punkte, die $K_1 K_2$ in $F_1 F_2$ und $G_1 G_2$ einzeichnet, zwei Punkte der gesuchten Bildkurve.

Der Schnittpunkt X von $G_1 G_2$ und $K_1 K_2$ hat für die Kreise u_0 und u_1 dieselbe Potenz

$$\mathfrak{P} = XK_1 \cdot XK_2 .$$

Da X die Sehne $G_1 G_2$ von u_1 in die Strecken XG_1, XG_2 teilt, ist auch

$$\mathfrak{P} = XG_1 \cdot XG_2 ;$$

dieses Produkt verwandeln wir mit Hilfe des Punktes M, in dem $G_1 G_2$ durch m gehälftet wird, nach der Gleichung (3) von Nr. 242 — mit den Punkten X, G_1, G_2 an Stelle von P, L_a, L_b — in den Ausdruck $\overline{MG_1^2} - \overline{MX}^2$ und erhalten, da $MG_1 = MG_2 = r_0$ ist,

$$(7\,\mathrm{a}) \qquad \mathfrak{P} = r_0^2 - \overline{MX}^2 .$$

Legen wir ferner durch X den Durchmesser von u_0, so ist $\mathfrak{P}$ auch gleich dem Produkt der Strecken, in die durch X diese Durchmesser-

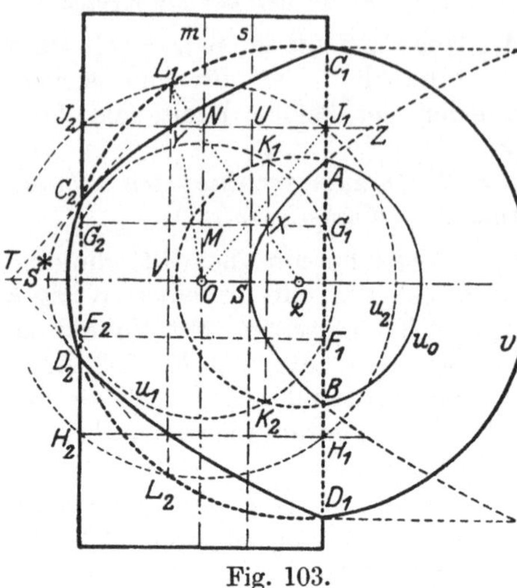

Fig. 103.

sehne zerlegt wird; rechnen wir dieses Produkt in derselben Weise wie das Produkt $XG_1 \cdot XG_2$ um, so finden wir, da u_0 den Halbmesser r_0 hat, auch

$$(7\,\mathrm{b}) \qquad \mathfrak{P} = r_0^2 - \overline{QX}^2 .$$

Aus (7a) und (7b) aber folgt, daß

$$MX = QX$$

ist, und das heißt auf Grund des ersten Satzes von Nr. 233, daß X auf einer Parabel liegt, deren Brennpunkt Q und deren Leitlinie m ist. Dasselbe gilt für den Schnittpunkt von F_1F_2 und K_1K_2 und für alle Punkte, die wir in derselben Weise wie X konstruieren, — insbesondere auch für die Punkte A und B, in denen u_0 die eine Umrißerzeugende der Zylinderfläche schneidet. Also folgt der Satz:

Wenn der Leitkreis einer geraden Kreiszylinderfläche und eine Kugel gleichen Halbmesser besitzen, so hat bei rechtwinkliger Projektion auf die Ebene, die durch die Mittellinie m der Zylinderfläche und den Mittelpunkt Q der Kugel läuft, oder auf eine zu ihr parallele Tafel die Durchdringungskurve der beiden Flächen zum Riß den durch die Schnittpunkte der beiden scheinbaren Umrisse begrenzten Bogen der Parabel, deren Brennpunkt und Leitlinie die Risse von Q und m sind.

305. Die in Nr. 304 gefundene Parabel, die wir als „Parabel (Q, m)" bezeichnen wollen, hat den Parameter $p = OQ$ (Nr. 233); ihre Symmetrieachse ist die Gerade OQ und ihr Scheitel S die Mitte der Strecke OQ; durch S läuft parallel zu m die Scheiteltangente s. Wir können sie — z. B. auf Grund des ersten Satzes von Nr. 233 — ganz unabhängig von der Durchdringungskurve der beiden Flächen herstellen, also zunächst in ihren Fortsetzungen über die Punkte A, B hinaus, aber auch dann, wenn die beiden Flächen völlig getrennt liegen. Ist Z ein beliebiger ihrer Punkte und schneidet ihr durch Z gehender Durchmesser ($\parallel OQ$) die Mittellinie m und die Umrißerzeugenden der Zylinderfläche, sowie die Scheiteltangente s der Reihe nach in N, J_1, J_2, U, so sind UZ und SU in dem Koordinatensystem, dessen Achsen OQ und s sind, die Koordinaten von Z; also folgt aus Gleichung (17) in Nr. 233

$$\overline{SU}^2 = 2p \cdot UZ \qquad \text{oder} \qquad UZ = \frac{\overline{SU}^2}{2p} .$$

Ferner ist $SU = ON$, $NU = OS = \dfrac{p}{2}$, $NJ_1 = NJ_2 = r_0$ und, wenn wir $OJ_1 = OJ_2 = r$ setzen, $\overline{ON}^2 = r^2 - r_0^2$. Mithin ergibt sich

$$NZ = NU + UZ = NU + \frac{\overline{ON}^2}{2p} = \frac{p}{2} + \frac{r^2 - r_0^2}{2p}$$

oder

$$(8) \qquad NZ = \frac{p^2 + r^2 - r_0^2}{2p}.$$

Wir konstruieren nun in Fig. 103 für die gerade Kreiszylinderfläche und eine *zweite* Kugel, die ebenfalls den Mittelpunkt Q, aber den Halbmesser r und den scheinbaren Umriß v besitzt, den Riß der Durchdringungskurve wiederum nach dem Verfahren von Nr. 292: Ein um O mit dem beliebigen Halbmesser r geschlagener Hilfskreis u_2 liefert die zu m senkrechten Geraden H_1H_2, J_1J_2 und die zu m parallele Gerade L_1L_2, von denen die letzte in die ersten beiden zwei Punkte der gesuchten Bildkurve einzeichnet. Sind nun Y, N, U die Schnittpunkte von J_1J_2 mit L_1L_2, m, s, und ist V der Schnittpunkt von OQ mit L_1L_2, so haben wir

$$NY = OV, \quad NU = OS, \quad OL_1 = r, \quad QL_1 = \mathrm{r}.$$

Ferner ergibt sich nach dem erweiterten pythagoreischen Lehrsatz aus dem Dreieck OQL_1 die Beziehung

$$\overline{QL_1}^2 = \overline{OL_1}^2 + \overline{OQ}^2 \pm 2 \cdot OQ \cdot OV$$

oder

$$\mathrm{r}^2 = r^2 + p^2 \pm 2p \cdot NY,$$

wobei das obere oder untere Vorzeichen gilt, je nachdem $\measuredangle QOL_1 > 90°$ oder $\measuredangle QOL_1 < 90°$ ist. Hieraus folgt, daß

$$(9) \qquad NY = \frac{\mathrm{r}^2 - r^2 - p^2}{2p} \qquad \text{oder} \qquad NY = -\frac{\mathrm{r}^2 - r^2 - p^2}{2p},$$

je nachdem V auf der anderen oder auf derselben Seite von O wie S, d. h. je nachdem Y auf der anderen oder auf derselben Seite von N wie U liegt.

Die Gerade J_1J_2 ist ein Durchmesser der Parabel (Q, m) und trifft sie nach Nr. 230 stets in einem Punkt Z. Auf ihr haben wir, wenn wie in Fig. 103 $\mathrm{r} > r_0$ ist, entweder die *erste* Reihenfolge Y, N, Z ($YZ = NY + NZ$) oder die *zweite* Reihenfolge N, Y, Z ($YZ = NZ - NY$) und, wenn $\mathrm{r} < r_0$, die *dritte* Reihenfolge N, Z, Y ($YZ = NY - NZ$). Die erste Möglichkeit der Beziehung (9) gehört zu der ersten Reihenfolge, die zweite Möglichkeit der Beziehung (9) aber zu der zweiten und dritten Reihenfolge; also erhalten wir

$$(10) \qquad YZ = \frac{\mathrm{r}^2 - r_0^2}{2p} \quad \text{für } \mathrm{r} > r_0, \quad YZ = \frac{r_0^2 - \mathrm{r}^2}{2p} \quad \text{für } \mathrm{r} < r_0.$$

Immer besitzt nach (10) die Strecke YZ eine Größe, die unabhängig von der Wahl des Hilfskreises u_2 ist; deshalb finden wir alle Punkte der gesuchten Bildkurve, indem wir die Punkte der Parabel (Q, m) um diese Strecke parallel zu der Symmetrieachse OQ verschieben. Das heißt:

Wird die Durchdringungskurve einer geraden Kreiszylinderfläche (mit der Mittellinie m) und einer Kugel (mit dem Mittelpunkt Q) rechtwinklig auf die durch m und Q bestimmte oder auf eine dazu parallele Tafel projiziert, so gehört ihr Riß einer Parabel an; diese entsteht aus der Parabel, deren Leitlinie und Brennpunkt die Risse von m und Q sind, durch Parallelverschiebung in der Richtung ihrer Symmetrieachse.

306. Aufgabe: *Gegeben* sind in Fig. 103 die scheinbaren Umrisse eines geraden Kreiszylinders (Mittellinie m) und einer Kugel (Mittelpunkt Q) in einer Tafel, die zu der Ebene von m und Q parallel ist. *Gesucht* ist der Riß der Durchdringungskurve.

Wir fällen, wenn wir die Risse von m und Q wieder mit diesen Buchstaben ohne beigefügte Striche bezeichnen, aus Q das Lot QO auf m und konstruieren mit Hilfe eines beliebigen, um O gelegten Kreises u_2 einen Punkt Y der Bildkurve. Schneidet die Gerade, die wir durch Y parallel zu OQ ziehen, die Gerade m in N, so wird sie von der — in Fig. 103 nicht eingetragenen — Mittelsenkrechten der Strecke NQ in dem Punkt Z getroffen, für den $NZ = QZ$ ist, der also der Parabel (Q, m) angehört. Die Strecke YZ gibt die Länge d an, um die wir die Parabel (Q, m) auf Grund des Satzes von Nr. 305 verschieben müssen, um die Parabel zu erhalten, der die gesuchte Bildkurve angehört. Insbesondere liegt der Scheitel S^* dieser Parabel so auf OQ, daß er von der Mitte S der Strecke OQ um d entfernt ist.

Wenn der scheinbare Umriß v der Kugel nur die eine Umrißerzeugende der Zylinderfläche trifft, ist der durch die Schnittpunkte begrenzte und den Scheitel S^* enthaltende Bogen der Parabel der Riß der Durchdringungskurve. Wenn v aber, wie in Fig. 103, die beiden Umrißerzeugenden der Zylinderfläche in C_1, D_1 und in C_2, D_2 trifft, geht die Parabel durch diese Punkte so hindurch, daß ihre Bögen C_1C_2, D_1D_2 die Bildkurve bilden. Auf Grund der Sätze von Nr. 230 und Nr. 231 schneiden die zu C_2, D_2 gehörigen Tangenten der Parabel einander in dem Punkt T der Symmetrieachse, der doppelt so weit von C_2D_2 entfernt liegt wie S^*, und können hiernach eingetragen werden. Das Entsprechende gilt für die zu C_1 und D_1 gehörigen Tangenten der Parabel. Mit Hilfe eines solchen Tangentenpaares kann die Parabel nach der Konstruktionsvorschrift von Nr. 235 eingezeichnet werden. Doch müssen wir, wenn noch ein weiterer Riß herzustellen ist, auf diesen ähnlich wie in Nr. 298 Rücksicht nehmen; insbesondere empfiehlt sich, falls die Tafel dieses Risses zu OQ senkrecht steht, das in Fig. 101 a angewendete Verfahren.

Verschneidungslinien dieser Art finden sich vor allem bei *Pumpen* oder bei *Rohrleitungen* an drehzylindrischen, unten durch eine Halbkugel abgeschlossenen Teilen, in die ein dünneres Rohr eingeführt wird.

IV. Abwicklungen.

Die Abwicklung von Zylinder- und Kegelflächen.

307. Die Zylinder- und Kegelflächen sind *abwickelbare Flächen*, d. h. sie können in eine Ebene ausgebreitet werden, ohne daß sie eine Dehnung oder Faltung erleiden; ebenso kann umgekehrt ein ebenes Blatt ohne Dehnung oder Faltung auf eine Fläche dieser Art aufgebogen werden, während dies z. B. bei einer Kugel nicht möglich ist. Die strenge Theorie der Verbindung und Abwicklung von Flächen gehört zu den Anwendungen der höheren Analysis auf die Geometrie, jedoch können wir den Vorgang der Abwicklung einer Zylinder- oder Kegelfläche uns in folgender Weise anschaulich klarmachen: Wir ziehen auf der Fläche sehr viele Erzeugende in kleinen Abständen voneinander und ersetzen die zwischen je zwei benachbarten von ihnen liegenden, sehr schmalen Flächenstreifen durch die ebenen Streifen, die durch die Erzeugenden bestimmt und begrenzt sind. Dadurch tritt an die Stelle der Zylinderfläche ein Prisma und an die Stelle der Kegelfläche eine Pyramide mit sehr vielen, sehr schmalen Seitenflächen. Diese *Ersatzfläche* nun verebnen wir: Wir schneiden sie, wenn sie geschlossen ist, längs einer Kante auf, bringen die eine dadurch freigewordene Seitenfläche durch Drehung um die Kante, in der sie an die nächste Seitenfläche stößt, in die Ebene derselben, darauf diese beiden Seitenflächen durch Drehung um die nächste Kante in die dritte Seitenfläche und fahren so fort. Dabei wird eine Kurve, die auf der Zylinder- oder Kegelfläche verläuft, durch einen Streckenzug vertreten, der auf der Ersatzfläche liegt, und insbesondere eine Tangente der Kurve, insofern sie ihre Fortschreitungsrichtung für eine bestimmte Stelle angibt, durch die Gerade, die an der entsprechenden Stelle des Streckenzuges die ihm angehörige Strecke trägt.

Durch den geschilderten Vorgang nähern wir die Abwicklung einer Zylinder- oder Kegelfläche um so genauer an, je enger wir auf ihr die Erzeugenden anordnen. Wir schließen deshalb aus seinen Eigenschaften auf die Gesetze der Abwicklung der krummen Flächen selbst; im folgenden stellen wir den ersteren die letzteren unmittelbar gegenüber.

308. Bei der Abwicklung der Ersatzfläche gehen die Kanten über in eine Schar untereinander paralleler oder durch einen Punkt laufender Geraden. Alle Strecken und Winkel, die in einer Seitenfläche der Ersatzfläche liegen, bleiben unverändert. Ein auf der Ersatzfläche verlaufender Streckenzug wird in einen ebenen Streckenzug verwan-

Bei der Abwicklung einer Zylinder- oder Kegelfläche gehen die Erzeugenden über in eine Schar untereinander paralleler oder durch einen Punkt laufender Geraden. Jede auf der Fläche verlaufende Kurve wird in eine ebene Kurve verwandelt; entsprechende Bögen beider Kurven sind gleichlang, und die Tangenten der verwandelten Kurve bilden mit

delt, dessen Strecken mit unveränderten Längen und Winkeln zwischen den abgewickelten Kanten liegen.

Liegen auf der Ersatzfläche zwei Streckenzüge und sind PP_1, QQ_1 zwei in einer Seitenfläche enthaltene Strecken derselben, so sind die Geraden PP_1, QQ_1 entweder einander parallel oder bilden mit der Kante PQ zusammen ein Dreieck PQT. In der abgewickelten Figur entsprechen den Strecken PP_1, QQ_1 zwei Strecken $P^*P_1^*$, $Q^*Q_1^*$, die mit der abgewickelten Kante P^*Q^* dieselben Winkel bilden wie PP_1, QQ_1 mit PQ; da außerdem die Strecken PQ und P^*Q^* gleichlang sind, folgt, daß die Geraden $P^*P_1^*$ und $Q^*Q_1^*$ entweder parallel sind oder mit P^*Q^* ein dem Dreieck PQT kongruentes Dreieck $P^*Q^*T^*$ bilden.

den abgewickelten Erzeugenden dieselben Winkel, wie in den entsprechenden Punkten die Tangenten der Kurve auf der Fläche mit deren Erzeugenden.

Liegen auf einer Zylinder- oder Kegelfläche zwei Kurven c, k, welche dieselbe Erzeugende in den Punkten P, Q schneiden, so sind ihre zu P und Q gehörigen Tangenten entweder einander parallel oder begegnen einander in einem Punkt T. Bei der Abwicklung der Fläche gehen c, k, P, Q in die Kurven c, k* und die Punkte P*, Q* über; die zu P*, Q* gehörigen Tangenten von c*, k* sind einander im ersten Fall ebenfalls parallel und bilden im zweiten Fall ein dem Dreieck PQT kongruentes Dreieck P*Q*T*.*

309. Eine Zylinderfläche wird durch eine Ebene, die zu ihren Erzeugenden senkrecht steht, in einer Kurve geschnitten, deren Tangenten mit allen Erzeugenden rechte Winkel bilden; wir nennen diese Kurve einen *Normalschnitt* der Fläche. Bei der Abwicklung verwandelt sich der Normalschnitt nach dem ersten Satz von Nr. 308 in eine Kurve, deren Tangenten sämtlich zu einer Schar paralleler Geraden senkrecht sind; die einzige Linie, bei der dies eintritt, ist die Gerade, die wir als eine mit ihren Tangenten zusammenfallende Kurve auffassen müssen. Deshalb gilt der Satz:

Bei der Abwicklung einer Zylinderfläche verwandelt sich jeder Normalschnitt k in eine Gerade k, die zu den abgewickelten Erzeugenden senkrecht steht. k* trägt zwischen irgendzwei derselben eine Strecke, die gleich dem Bogen von k zwischen den entsprechenden Zylindererzeugenden ist.*

Aus ihm und aus dem zweiten Satz von Nr. 308 ergibt sich sofort der folgende:

Liegt auf einer Zylinderfläche eine Kurve c und trifft die Erzeugende, die einen Punkt P von c trägt, einen Normalschnitt k der Fläche in Q, so ist bei der Abwicklung, die c, k, P, Q in c, k*, P*, Q* überführt, die zu P* gehörige Tangente von c* entweder zu der Geraden k* parallel oder schneidet sie in einem Punkt T* derart, daß die Strecke Q*T* gleich der Strecke QT ist, die auf der zu Q gehörigen Tangente von k durch die zu P gehörige Tangente von c abgegrenzt wird.*

Diese beiden Sätze liefern unmittelbar die folgende Vorschrift:

Soll eine Zylinderfläche abgewickelt und dabei eine auf ihr laufende Kurve c verebnet werden, so nimmt man auf der Fläche eine Anzahl Erzeugender und einen beliebigen Normalschnitt k, trägt die Längen der Bögen von k, die zwischen den Erzeugenden liegen, als aufeinanderfolgende Strecken auf einer Geraden k ab und zieht durch die gefundenen Punkte die Senkrechten zu k*. Auf diesen schneidet man von k* aus Strecken ab gleich denen, die auf den entsprechenden Zylindererzeugenden von k und c begrenzt werden, und erhält in ihren Endpunkten eine Anzahl Punkte der verwandelten Kurve c*, für die noch nach dem letzten Satz die Tangenten einzuzeichnen sind.*

310. Wenn wir die Bogenlängen auf dem Normalschnitt k nicht genau bestimmen können, müssen wir sie durch ihre Sehnen ersetzen. Wir führen dann nach der Vorschrift von Nr. 309 nicht die Abwicklung der Zylinderfläche aus, sondern die — nur als Annäherung zu bewertende — *Abwicklung der Ersatzfläche*, die wir in Nr. 307 geschildert haben. Dabei kann es vorkommen, daß die Sehnen der Kurve c sicherer abzugreifen sind als die Sehnen des Normalschnittes k, z. B. wenn c ein Kreis und k eine Ellipse ist; dann ist die folgende Konstruktionsvorschrift vorzuziehen:

Soll eine Zylinderfläche abgewickelt und dabei eine auf ihr laufende Kurve c verebnet werden, so nimmt man auf der Fläche eine Anzahl Erzeugender und einen beliebigen Normalschnitt k und konstruiert nebeneinander gereiht die Trapeze, die durch diese Erzeugenden und die Sehnen von c und k gebildet werden, mit Hilfe ihrer rechten Winkel, der auf den Erzeugenden liegenden Seitenlängen und der Sehnen von c.

Außer der geraden Kreiskegelfläche besitzen die Kegelflächen keine ebenen Kurven, die in ähnlicher Weise wie die Normalschnitte der Zylinderflächen ausgezeichnet sind; daraus folgt:

Für die Abwicklung einer Kegelfläche gilt die letzte Vorschrift, wenn man in ihr die Trapeze durch die Dreiecke ersetzt, die durch die Erzeugenden und die Sehnen ihrer Leitkurve gebildet werden.

Die gerade Kreiskegelfläche nimmt eine besondere Stelle ein; da auf ihren Erzeugenden nach dem zweiten Satz von Nr. 210 zwischen dem Scheitel und einem Breitenkreis gleichlange Strecken liegen, gilt für sie der Satz:

Bei der Abwicklung einer geraden Kreiskegelfläche verwandelt sich jeder Bogen eines Breitenkreises in einen gleichlangen Bogen eines Kreises; dieser hat zum Halbmesser die Länge der gleichen Strecken, die auf den Kegelerzeugenden zwischen dem Scheitel und dem Breitenkreis liegen.

Aus ihm, zusammen mit den Sätzen von Nr. 308, ergibt sich sofort die Konstruktionsvorschrift:

Soll eine gerade Kreiskegelfläche abgewickelt und dabei eine auf ihr laufende Kurve c verebnet werden, so nimmt man auf der Fläche eine Anzahl

Erzeugender und einen beliebigen Breitenkreis k, trägt die Längen der Bögen von k, die zwischen den Erzeugenden liegen, als aufeinanderfolgende Bögen auf dem Kreis k auf, in den k nach dem letzten Satz verwandelt wird, und zieht durch die gefundenen Punkte die Geraden nach dem Mittelpunkt von k*. Auf diesen schneidet man von k* aus Strecken ab gleich denen, die auf den entsprechenden Kegelerzeugenden von k und c begrenzt werden, und erhält in ihren Endpunkten eine Anzahl Punkte der verwandelten Kurve c*, für die noch nach dem letzten Satz von Nr. 308 die Tangenten einzuzeichnen sind.*

Angenäherte Geradstreckung von Kreisbögen.

311. Die Ausführung der Vorschriften, die am Ende von Nr. 309 und am Ende von Nr. 310 gegeben sind, erfordern die genaue Bestimmung der Längen von Kurvenbögen. Diese Aufgabe, die man als *Geradstreckung* oder *Rektifikation* bezeichnet, ist im allgemeinen unlösbar und kann nur dadurch angenähert gelöst werden, daß man den Bogen in eine größere Anzahl kleine Teilbögen zerlegt und diese durch ihre Sehnen ersetzt. Theoretisch wird die Annäherung um so besser, je mehr und je kleinere Teile man nimmt; aber praktisch ergibt sich hierfür dadurch eine Grenze, daß bei der Abtragung sehr vieler, sehr kleiner Strecken die Genauigkeit leidet.

Selbst bei der einfachsten Kurve, dem Kreis, ist es unmöglich, die Länge eines Bogens oder des ganzen Umfanges mathematisch genau als Strecke zu konstruieren, und die zahlreichen, vor der Erkenntnis dieser Unmöglichkeit (1882) gemachten Versuche haben nur zu Näherungskonstruktionen geführt. Aber man kann dennoch beim Kreis die Bogenlängen mit der Genauigkeit angeben, die für die Zeichnung erforderlich ist; und zwar entweder durch zahlenmäßige Berechnung mit Hilfe der Zahl π [1]) oder mit Hilfe einer der erwähnten Näherungskonstruktionen, sofern bei ihr die Abweichung von der mathematisch genauen Bogenlänge innerhalb der Grenze der unvermeidlichen Zeichenfehler bleibt. Es erweist sich als nützlich, solche Konstruktionen sowohl für die Länge des Halbkreises als auch für die Länge eines beliebigen Kreisbogens zur Verfügung zu haben; eine Konstruktion der ersten Art gibt die folgende Vorschrift:

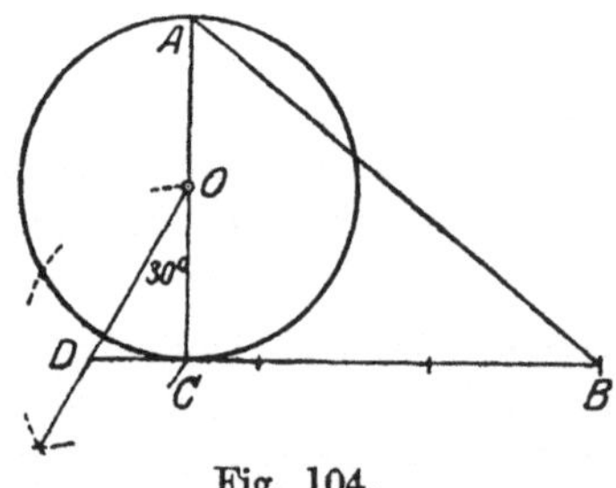

Fig. 104.

Eine angenäherte Geradstreckung des Umfanges eines Kreises vom Halbmesser r erhält man, wenn man einen Durchmesser A C nimmt, die in C berührende Tangente mit dem einen gegen A C um 30° geneigten Durchmesser

---

[1]) Unter Benutzung des Rechenschiebers oder eines Näherungswertes, wie
$$\frac{22}{7} = 3{,}1429.$$

in D schneidet und auf ihr $DB = 3r$ *so aufträgt, daß C zwischen D und B liegt; dann ist die Strecke AB gleich der Bogenlänge des Halbkreises mit einem Fehler, der weniger als* $0,0001 \cdot r$ *beträgt.*

In der Tat ist (Fig. 104)

$$CD = r \cdot \operatorname{tg} 30° = \frac{r}{\sqrt{3}}, \; BC = BD - CD = \left(3 - \frac{1}{\sqrt{3}}\right) r$$

und in dem rechtwinkligen Dreieck ABC

$$AB = \sqrt{\overline{AC}^2 + \overline{BC}^2} = r \sqrt{13^{1}/_{3} - 2\sqrt{3}} = r \cdot 3{,}14153 \ldots$$

Da die Bogenlänge des Halbkreises πr und $\pi = 3{,}14159 \ldots$ ist, bleibt AB hinter ihr um $r \cdot 0{,}00006 \ldots$ zurück; der Fehler ist kleiner als $0{,}0001 \cdot r$, also z. B. für $r = 1$ m kleiner als $0{,}1$ mm.

312. Für einen kleinen, im übrigen beliebigen Kreisbogen empfiehlt sich die folgende Konstruktion:

Eine angenäherte Geradstreckung eines Kreisbogens, dessen Halbmesser r ist und dessen Zentriwinkel AOB höchstens 45° beträgt, erhält man, wenn man AO über O hinaus um $OR = 2r$ *verlängert und die Gerade RB mit der in A berührenden Tangente in C schneidet; dann ist die Strecke AC gleich dem Bogen AB mit einem Fehler, der kleiner als* $0{,}002 \cdot r$ *ist.*

Wir beweisen die Berechtigung dieser durch Fig. 105 erläuterten Vorschrift dadurch, daß wir die Längen des Bogens AB und der Strecke AC berechnen und miteinander vergleichen. Ist s die Länge des Bogens AB und α die *Gradzahl* des Winkels AOB, so besteht, da der Halbkreis die Bogenlänge πr und die Gradzahl 180 besitzt, die Verhältnisgleichung $s : \pi r = \alpha : 180$. Die Zahl $x = \dfrac{s}{r} = \dfrac{\alpha \pi}{180}$ ist das in der höheren Mathematik gebräuchliche *Bogenmaß* des Winkels AOB und liefert für s den Ausdruck

(1) $$s = x\,r .$$

Das Bogenmaß x müssen wir nun auch als Argument der trigonometrischen Funktionen des Winkels AOB bei der Berechnung von AC benutzen; wir erhalten, wenn wir in Fig. 105 das Lot BD auf OA fällen,

$$AC : AR = DB : DR,$$

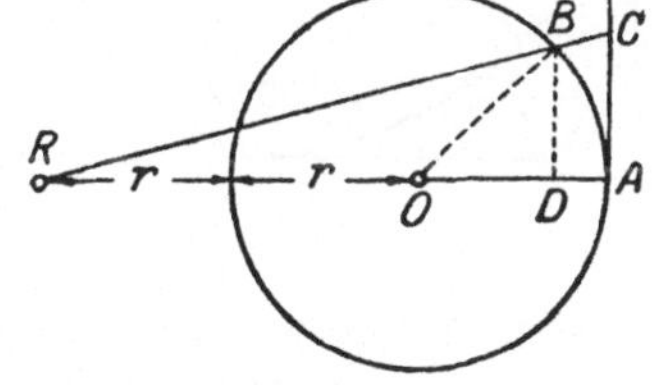

Fig. 105.

$$AR = 3r, \; DB = r \cdot \sin x, \; DR = OR + OD = 2r + r \cdot \cos x$$

und somit

(2) $$AC = \frac{AR \cdot DB}{DR} = \frac{3 \cdot \sin x}{2 + \cos x} \cdot r .$$

Aus (1) und (2) folgt

$$s - AC = \frac{2x + x\cdot\cos x - 3\cdot\sin x}{2 + \cos x}\cdot r$$

oder, wenn wir die *Fehlerfunktion*

$$y = \frac{2x + x\cdot\cos x - 3\cdot\sin x}{2 + \cos x}$$

einführen,

$$s = AC + yr\,.$$

Bilden wir nun den Differentialquotienten von y nach x und rechnen ihn mit Hilfe der Formel $\sin^2 x = 1 - \cos^2 x$ um, so ergibt sich

$$\frac{dy}{dx} = \left(\frac{1 - \cos x}{2 + \cos x}\right)^2;$$

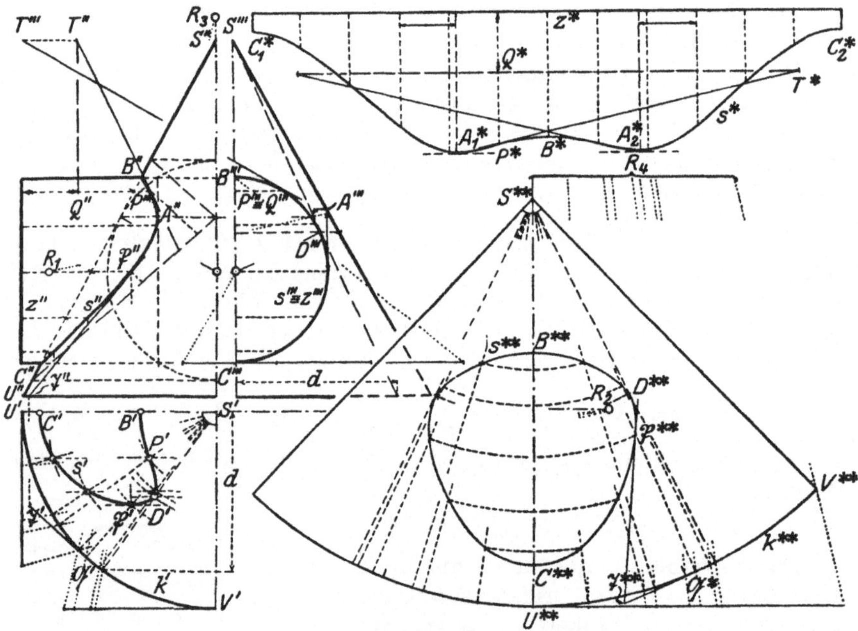

Fig. 106.

er ist also eine wesentlich positive Größe und zeigt, daß y eine zugleich mit x wachsende Funktion ist. Da sich nun für

$$\alpha = 0 \ (x = 0) \qquad y = 0$$

und für

$$\alpha = 45 \left(x = \frac{\pi}{4}\right) \qquad y = 0{,}002$$

berechnet, folgt, daß für Bögen, deren Zentriwinkel höchstens 45° betragen, der Fehler zwischen 0 und $0{,}002\cdot r$ liegt. Der Fehler ist also, wenn etwa $r = 10$ cm, kleiner als 0,2 mm und kaum merklich. Er wird aber für Bögen mit größerem Zentriwinkel schnell größer; z. B. beträgt er, da sich für

$$\alpha = 60 \left(x = \frac{\pi}{3}\right) \qquad y = 0{,}008$$

ergibt, bei einem Kreisbogen mit einem Zentriwinkel von $60°$ und einem Halbmesser von 10 cm bereits 0,8 mm.

Die Verebnungen einer Durchdringungskurve.

313. Die Durchdringungskurve zweier abwickelbaren Flächen kann durch die Abwicklung jeder von ihnen verebnet werden und dabei ganz verschiedene Gestalten annehmen. Dies erkennen wir insbesondere, wenn wir zwei Kreiszylinder- oder Kreiskegelflächen nehmen, von denen die eine die andere durchbohrt. In diesem Fall läuft die Durchdringungskurve um die erste Fläche herum, während sie auf der zweiten nur ein oder zwei Flächenstücke umgrenzt. Es empfiehlt sich infolgedessen von selbst, die Punkte der Durchdringungskurve, die zur Herstellung ihrer Risse gebraucht werden, auf gleichmäßig verteilten Erzeugenden der ersten Fläche aufzusuchen und diese Erzeugenden zugleich für die Abwicklung der Fläche und die damit verbundene Verebnung der Durchdringungskurve zu benutzen. Dieselben Punkte der Durchdringungskurve ergeben, wenn sie in die Abwicklung der zweiten Fläche mit Hilfe der durch sie gehenden Erzeugenden derselben übertragen werden, auch für diese Verebnung der Kurve einigermaßen gleichmäßig verteilte Punkte. Hierbei kommen die Vorschriften von Nr. 309 und Nr. 310 im Verein mit der angenäherten Geradstreckung von Kreisbögen in einer Weise zur Anwendung, die an einem Beispiel zu zeigen genügt. Als solches benutzen wir die

Aufgabe: *Gegeben* sind die Risse eines geraden Kreiszylinders und eines geraden Kreiskegels derart, daß die Mittellinien einander schneiden und zu der Aufrißtafel parallel sind. *Gefordert* ist die Abwicklung des Zylindermantels, soweit er außerhalb des Kegels, und die Abwicklung des Kegelmantels, soweit er außerhalb des Zylinders liegt.

In Fig. 106, in deren Grundriß der Zylinder um der Deutlichkeit der übrigen Konstruktionen willen nicht eingetragen ist, wird nur einer der vier Teile dargestellt, in welche die Verbindung von Zylinder und Kegel durch ihre beiden Symmetrieebenen zerfällt. Für die Abwicklungen fügen wir in Gedanken noch den Teil hinzu, in den sich der gezeichnete Teil an der zur Aufrißtafel parallelen Symmetrieebene spiegelt, und lassen die übrigen beiden Teile fort.

Zunächst konstruieren wir nach Nr. 298 die Risse der Durchdringungskurve s und zwar, da der Zylinder den Kegel durchbohrt, so, daß wir auf dem Zylinder zwölf Erzeugende in gleichen Abständen anordnen. s begrenzt zusammen mit dem Leitkreis z des Zylinders den in Betracht kommenden Teil seines Mantels und umschließt auf dem Kegelmantel das Flächenstück, das infolge der Druchbohrung durch den Zylinder fortfällt. Es handelt sich also darum, bei der Abwicklung beider Flächen die Kurve s zu verebnen.

314. Bei der *Abwicklung des Zylindermantels* folgen wir der Vorschrift von Nr. 309, indem wir sie dem Umstande anpassen, daß wir als Normalschnitt den Leitkreis z benutzen können. Wir bestimmen in Fig. 106 an dem Kreuzriß z''' nach Nr. 311 die Bogenlänge des Halbkreises von z, zeichnen neben die gegebenen Risse eine doppelt so lange Strecke z^* und teilen sie in zwölf gleiche Teile; errichten wir dann in den Teilpunkten die Lote zu z^*, so sind diese die Geraden, in die bei der Abwicklung die in Nr. 313 ausgewählten zwölf Erzeugenden der Zylinderfläche übergehen. Für die auf ihnen liegenden Punkte der verebneten Kurve s^* können wir ihre Abstände von z^* unmittelbar aus dem Aufriß entnehmen, da sich dort die Strecken der Zylindererzeugenden in wahrer Größe abbilden.

Diejenige Erzeugende des Zylindermantels, längs deren wir ihn aufschneiden, kommt zweimal in seiner Abwickelung vor, sie beiderseits begrenzend. Aber da es gleichgültig ist, welche Erzeugende wir hierzu auswählen, so kommen wir zu verschiedenen Gestaltungen des abgewickelten Zylindermantels, die wir unter folgendem Gesichtspunkt vereinigen können: Wir denken uns um den Zylinder ein dickeloses — also in beliebig vielen Lagen seinen Durchmesser nicht veränderndes — Blatt herumgelegt und in jeder seiner Schichten die auf der Zylinderfläche verlaufenden Kurven eingetragen; wickeln wir dieses Blatt ab, so entsteht eine sich in regelmäßiger Folge kongruent wiederholende Figur, und wir erhalten jedesmal, wenn wir einen Streifen von der Länge z^* herausschneiden, eine einfache Abwicklung des Zylindermantels. Hierbei erweist sich die Kurve s^* und jede andere Kurve, die in derselben Weise durch Abwicklung des Zylindermantels entsteht, als *ein Teil einer „transzendenten“ Kurve,* die aus unbegrenzt vielen, periodisch wiederkehrenden und unter sich kongruenten Stücken besteht.

Sind nun B und C die Punkte von s, die (vgl. den letzten Absatz von Nr. 293 und Nr. 298) in der Symmetrieebene von s liegen, und schneiden wir den Zylindermantel längs der Erzeugenden von C auf, so entsprechen ihnen in der Abwicklung, die in Fig. 106 gezeichnet ist, die Punkte B^*, C_1^*, C_2^*. In ihnen hat die Kurve s^*, wenn wir sie uns über C_1^* und C_2^* hinaus fortgesetzt denken, Scheitel und kann deshalb in ihrer Umgebung nach dem letzten Absatz von Nr. 270 durch passend gewählte Kreisbögen ersetzt werden. Der Scheitel A'' des Hyperbelbogens s'' (vgl. Nr. 298) liefert zwei Punkte A_1^*, A_2^*, die zwar keine Scheitel von s^* sind, in denen aber s^* ebenfalls zu z^* parallele Tangenten besitzt; um diese Punkte eintragen zu können, bestimmen wir nach Nr. 312 (mit Hilfe des Punktes R_1) die Länge des Bogens von z''', um den der Punkt A''' von dem einen der ihm nahegelegenen Teilpunkte von z''' entfernt ist.

Endlich konstruieren wir noch auf Grund des zweiten Satzes von Nr. 309 für die übrigen eingetragenen Punkte von s^* die Tangenten. Dies geschieht in Fig. 106 z. B. für den Punkt P^* mit Hilfe des Dreiecks $P^*Q^*T^*$, das bei Q^* einen rechten Winkel und die Kathete $Q^*T^* = QT = Q'''T''''$ besitzt. Dabei ist die Tangente $P''T''$ des Hyperbelbogens s'' nach Nr. 245 eingetragen und an Stelle von z — mit Rücksicht auf den verfügbaren Platz — ein dem Punkt P näherliegender Normalschnitt zu Hilfe genommen worden; von diesem Normalschnitt sind jedoch nur die Aufrisse des Punktes Q, in dem er die Erzeugende von P trifft, und der zu Q gehörigen Tangente QT eingezeichnet. Gleichzeitig ergibt sich auch die Tangente des zu P^* symmetrischen Punktes von s^*.

315. Für die *Abwicklung des Kegelmantels* und die Konstruktion der Kurve s^{**}, die bei ihr als Verebnung von s auftritt, gilt die letzte Vorschrift von Nr. 310. Zunächst zeichnen wir in Fig. 106 um einen Punkt S^{**} den Kreis k^{**}, dessen Halbmesser gleich der Länge der Umrißerzeugenden $S''U''$ ist, und in ihm einen Halbmesser $S^{**}U^{**}$. Darauf legen wir durch die Grundrisse der Punkte von s, die in Nr. 313 konstruiert wurden, die Geraden aus S' und suchen nach Nr. 312 mit Hilfe der Punkte R_2 und R_3 die Längen der Bögen, in die sie den Viertelkreis $U'V'$ von k' teilen. Diese Längen tragen wir von U^{**} aus auf der zu U^{**} gehörigen Tangente von k^{**} so ab, wie sie auf k' aneinandergereiht sind, und ziehen durch ihre Endpunkte die Geraden nach dem Punkt R_4, der auf der Verlängerung von $U^{**}S^{**}$ dreimal soweit von U^{**} entfernt liegt wie S^{**}. Schneiden wir den Kreis s^{**} mit diesen Geraden, insbesondere mit der letzten von ihnen in V^{**}, so haben wir, da bei den gegebenen Maßen $\measuredangle\ U^{**}S^{**}V^{**} < 45°$ ist, auf k^{**} den Bogen $U^{**}V^{**}$ und die in ihm enthaltenen Bögen so bestimmt, daß sie nach Nr. 312 gleich dem Bogen $U'V'$ von k' und seinen Teilen sind.

Indem wir die Endpunkte dieser Bögen mit S^{**} verbinden und zu der erhaltenen Figur das Spiegelbild in bezug auf $S^{**}U^{**}$ hinzufügen, erhalten wir die Abwicklung der von uns betrachteten Hälfte des Kegelmantels mitsamt den Erzeugenden, die durch die in Nr. 313 konstruierten Punkte von s gehen. Die Abstände, die diese Punkte von S besitzen und die wir in der Abwicklung von S^{**} aus auftragen müssen, entnehmen wir aus dem Aufriß; sie sind nach dem zweiten Satz von Nr. 210 gleich den Strecken, die durch die Breitenkreise der Punkte von s auf der Kegelerzeugenden SU abgeschnitten werden, und können infolgedessen unmittelbar auf $S''U''$ abgegriffen werden. Dadurch erhalten wir eine Anzahl von Punkten der Kurve s^{**} und erkennen zugleich, daß dieselbe $S^{**}U^{**}$ zur Symmetrieachse und B^{**}, C^{**} zu Scheiteln hat.

Es gibt zwei zueinander symmetrische Erzeugende der Kegelfläche, die Tangenten von s sind; den Kreuzriß der einen finden wir in der Tangente $S'''D'''$ von $s''' \equiv z'''$ und können aus ihm den Grundriß der Erzeugenden (mit Hilfe der Strecke d) und ihres Berührungspunktes D

(mit Hilfe seines Breitenkreises) ableiten. Wenn wir in derselben Weise wie vorher den entsprechenden Punkt D^{**} in der Abwicklung und sein Spiegelbild in bezug auf $S^{**}U^{**}$ konstruieren, erhalten wir die beiden Tangenten, die aus S^{**} an s^{**} gehen, zugleich mit ihren Berührungspunkten. In den übrigen Punkten von s^{**} konstruieren wir die Tangenten nach dem letzten Satz von Nr. 308. Dies geschieht z. B. für den Punkt $\mathfrak{P}^{**}$ mit Hilfe des Dreiecks $\mathfrak{P}^{**}\mathfrak{D}^{**}\mathfrak{T}^{**}$, das bei $\mathfrak{D}^{**}$ einen rechten Winkel und die Kathete $\mathfrak{D}^{**}\mathfrak{T}^{**} = \mathfrak{D}\mathfrak{T} = \mathfrak{D}'\mathfrak{T}'$ besitzt; dabei ist die Tangente $\mathfrak{P}''\mathfrak{T}''$ des Hyperbelbogens s'' nach Nr. 245 eingetragen, während die zu $\mathfrak{P}'$ gehörige Tangente von s' nicht gebraucht wird.

Wie den Zylindermantel können wir auch den Kegelmantel uns durch beliebig viele Schichten eines dickelosen Blattes gebildet denken und erhalten dann als seine Abwicklung eine unbegrenzte Anzahl von aneinandergereihten Kreissektoren, die dem in Fig. 106 gezeichneten kongruent sind und sich überdecken. Die sämtlichen Wiederholungen von s^{**}, die dabei auftreten, bilden zusammen die Verebnung von s, die im allgemeinen eine transzendente Kurve ist.

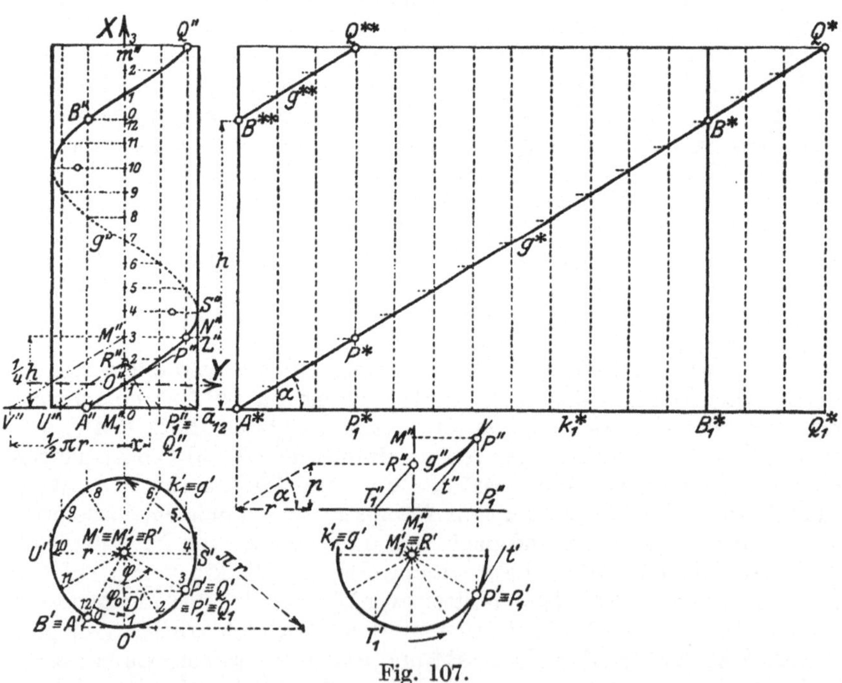

Fig. 107.

Die Aufbiegung eines ebenen Blattes.

316. Der Aufgabe der Abwicklung eines Zylinder- oder Kegelmantels und der Verebnung einer darauf liegenden Kurve steht gegenüber die Aufgabe, ein ebenes Blatt mit einer auf ihm gezeichneten Kurve auf eine gegebene Zylinder- oder Kegelfläche ohne Dehnung und Faltung aufzubiegen und die Risse der räumlichen Kurve zu zeichnen, in die dabei die ebene Kurve übergeht. Um die Art ihrer Ausführung zu erkennen, brauchen wir nur anzunehmen, daß in Fig. 106 die Kurve s^* oder s^{**} gegeben ist, und die Schritte umzukehren, die von s zu s^* oder zu s^{**} geführt haben.

Besondere Bedeutung haben die Kurven, die aus den geraden Linien des aufgebogenen Blattes entstehen; sie sind die *geodätischen Kurven* der Zylinder- oder Kegelfläche und bilden auf dieser, da bei der Aufbiegung weder die Winkel noch die Längen verändert werden, Figuren mit den Eigenschaften der entsprechenden geradlinigen Figuren der Ebene. Deshalb kann man das Lehrgebäude der ebenen Geometrie auf die Zylinder- und Kegelflächen übertragen, indem man die Geraden durch die geodätischen Kurven ersetzt; allerdings werden dabei doch wesentliche Abänderungen, insbesondere hinsichtlich des Zusammenhanges der Figuren, durch den Umstand verursacht, daß die Ebene unbegrenzt oft um die Zylinder- oder Kegelfläche herumgelegt werden kann.

Jedoch nicht um der soeben angedeuteten, sondern um anderer Eigenschaften willen spielen in den Anwendungen eine wichtige Rolle die geodätischen Kurven der geraden Kreiszylinderflächen; sie sollen im folgenden eingehend behandelt werden.

V. Die Schraubenlinie.

Die Schraubenlinie.

317. Um eine geodätische Kurve g (Nr. 316) einer geraden Kreiszylinderfläche zu erhalten, zeichnen wir in Fig. 107 die Risse eines geraden Kreiszylinders, dessen Leitkreis k_1 in der Grundrißtafel liegt, wickeln seinen Mantel wie in Nr. 314 ab und verlängern das dabei erhaltene Rechteck, so daß es mehr als einmal um den Zylinder herum gewickelt werden kann. Durch dieses Rechteck, dessen Grundseite $A^*B_1^*$ die Geradstreckung k_1^* des Kreises k_1 ist, und seine Erweiterung ziehen wir, vom Anfangspunkt A^* von k_1^* ausgehend, die Gerade g^* und konstruieren, wie es in Nr. 316 angedeutet und aus Fig. 107 unmittelbar zu erkennen ist, den Aufriß g'' der geodätischen Kurve, in die g^* bei der Aufbiegung übergeht; ihr Grundriß g' stimmt ja mit k_1 überein. Je nach dem Sinn, in dem wir das Rechteck um den Zylinder herumlegen, ist die Kurve g *rechtsgängig* oder *linksgängig*; in Fig. 107 ist die Sichtbarkeit im Aufriß so gewählt, daß g rechtsgängig ist. Natürlich müssen wir, um die ganze geodätische Kurve zu erhalten, an die Stelle des Kreiszylinders eine unbegrenzte Kreiszylinderfläche setzen und um sie eine unbegrenzte Ebene mit einer in ihr verlaufenden Geraden herumwickeln.

Dem Punkt A^* von g^* entspricht der Punkt A, in dem g den Leitkreis k_1 trifft. Ist P ein beliebiger Punkt von g und P_1 der Fußpunkt der durch ihn gehenden Zylindererzeugenden, so ist für die ihnen entsprechenden Punkte der Abwicklung

$$P_1^* P^* \perp k_1^*, \qquad P_1^* P^* = P_1 P = P_1'' P'';$$

ferner ist die Strecke $A^* P_1^*$ gleich der Länge des Bogens $A P_1$ von k_1, also, wenn wir den Halbmesser von k_1 mit r bezeichnen und den Zentriwinkel $A M_1 P_1$ durch sein *Bogenmaß* φ [vgl. Nr. 312, insbesondere Gleichung (1)] messen,

$$A^* P_1^* = \varphi r\,.$$

Das rechtwinklige Dreieck $A^* P_1^* P^*$ endlich liefert, wenn α der spitze Winkel zwischen g^* und k_1^* ist, die Beziehung

$$P_1^* P^* = A^* P_1^* \cdot \operatorname{tg}\alpha\,.$$

Nunmehr erhalten wir für die *Höhe* $P_1 P$ des Punktes P über dem Leitkreis den Ausdruck

$$P_1 P = \varphi r \cdot \operatorname{tg}\alpha$$

oder, wenn wir diese Höhe als von φ abhängige Größe mit h_φ bezeichnen und zur Abkürzung die von φ unabhängige Strecke

$$(1) \qquad\qquad p = r \cdot \operatorname{tg}\alpha$$

einführen,

$$(2) \qquad\qquad h_\varphi = \varphi p\,.$$

Hierbei ist sofort zu erkennen, daß man den Kreis k_1 durch jeden anderen Breitenkreis der Zylinderfläche ersetzen und die Höhe eines beliebigen Punktes von g über diesem Breitenkreis in derselben Weise mit Hilfe der Strecke p ausdrücken kann. p ist, wie in Fig. 107 das unterhalb von A^* gezeichnete rechtwinklige Dreieck angibt, unmittelbar aus r und α zu bestimmen.

318. Die Gleichung (2) ist das Gesetz, dem die geodätische Kurve der geraden Kreiszylinderfläche gehorcht, und gestattet die folgende geometrische Deutung: Wir denken uns den Punkt P als einen beliebigen Punkt eines starren Körpers, der so mit der Mittellinie m der Kreiszylinderfläche verbunden ist, daß man ihn um m drehen und längs m verschieben kann. Diese beiden Bewegungen führen wir nun gleichzeitig so aus, daß die Verschiebungsstrecke h_φ von dem (im Bogenmaß gemessenen) Drehwinkel φ nach der Gleichung (2) abhängt. Dann unterliegt der Körper einer *Schraubung* mit der *Achse* m und dem *Parameter* p. Wir können sie in Fig. 107 an dem aus P auf m gefällten Lot MP verfolgen, indem wir die durch P und m gehende Ebene um m drehen und in ihr MP unter Erhaltung des rechten Winkels verschieben. Dabei wird — von dem Halbmesser $M_1 A$ von k_1, als der Anfangslage, aus gerechnet — der Drehwinkel φ durch $\sphericalangle A'M'P' \equiv \sphericalangle A'M_1'P_1' \equiv \sphericalangle AM_1P_1$ und die Verschiebungsstrecke h_φ durch $M_1''M'' = M_1 M = P_1 P$ angegeben. Da ferner bei der Bewegung die Länge r von MP ungeändert bleibt, beschreibt P eine Kurve, die auf der ursprünglichen geraden

Kreiszylinderfläche verläuft und, von A ausgehend, dem Gesetz (2) gehorcht, d. h. die Kurve g. Demnach gilt der Satz:

Jede geodätische Kurve einer geraden Kreiszylinderfläche kann aufgefaßt werden als die Bahnkurve eines Punktes bei einer Schraubung; sie ist eine Schraubenlinie.

Wir bezeichnen deshalb die gerade Kreiszylinderfläche, auf der die Schraubenlinie liegt, als *Schraubenzylinder*, ihre Mittellinie m als *Schraubenachse*, ihren Leitkreis als *Grundkreis der Schraubenlinie*, dessen Halbmesser als *Schraubenradius* und die durch (1) bestimmte Strecke p als *Schraubenparameter*.

Der Name „Schraubenlinie" wird auf die geodätischen Kurven aller Zylinderflächen übertragen; man hebt unter diesen „allgemeinen" Schraubenlinien die von uns behandelte als „gemeine" oder „gewöhnliche" Schraubenlinie hervor.

319. Die Schraubenlinie g windet sich unzählige Male um ihren Schraubenzylinder herum und begegnet infolgedessen jeder seiner Erzeugenden in unzählig vielen Punkten. Ist z. B. in Fig. 107 die auf k_1^* liegende Strecke $P_1^*Q_1^*$ gleich dem Umfang von k_1, also $P_1^*Q_1^* = 2\pi r$, so begrenzen die durch P_1^* und Q^* gehenden Lote von k_1^* einen Streifen, der sich gerade einmal um den Schraubenzylinder herumlegt, und vereinigen sich demnach bei der Aufbiegung in derselben Erzeugenden. Dabei gehen die auf ihnen liegenden Punkte P^* und Q^* von g^* über in zwei Punkte P und Q von g, die auf dieser Erzeugenden liegen und durch keinen weiteren Punkt von g getrennt werden.

Ist φ das Bogenmaß des zu P gehörigen Zentriwinkels $A M_1 P_1$ und somit $A^*P_1^* = \varphi r$, so ist $A^*Q_1^* = A^*P_1^* + P_1^*Q_1^* = (\varphi + 2\pi)r$; deshalb ist $Q_1 Q = Q_1^*Q^* = (\varphi + 2\pi)r \cdot \mathrm{tg}\,\alpha = (\varphi + 2\pi)p$. Wir müssen also $\psi = \varphi + 2\pi$ als Bogenmaß des zu Q gehörigen Zentriwinkels von k_1 ansehen und erhalten in Übereinstimmung mit der Gleichung (2) für die Höhe von Q den Wert $h_\psi = \psi p$. Infolgedessen ist unabhängig davon, von welchem Punkt P, d. h. von welchem Wert φ wir ausgehen, der Höhenunterschied von Q und P stets $h_\psi - h_\varphi = 2\pi p$. Hieraus folgt:

Jede Schraubenlinie windet sich um ihren Schraubenzylinder unzählige Male so herum, daß sie alle Erzeugenden in Strecken von derselben Länge

$$(3) \qquad\qquad h = 2\pi p$$

teilt.

Jeder Bogen wie PQ wird als *Gang*, die Strecke h als *Ganghöhe*, der Parameter p auch als *reduzierte Ganghöhe* der Schraubenlinie g bezeichnet. In Fig. 107 reicht der erste, mit A beginnende Gang von g bis zu dem Punkt B, der auf der Erzeugenden von A um h höher als A liegt; ziehen wir in der abgewickelten Fläche durch den Punkt B^{**}, der scheitelrecht über A^* in der Höhe h liegt, die Gerade g^{**} parallel zu g^*, so entsteht bei der Aufbiegung g auch aus der — nach beiden Seiten unbegrenzt zu denkenden — Geraden g^{**}, wobei B^{**} auf B fällt.

Die Risse der Schraubenlinie in Grundstellung.

320. Die in Nr. 318 beobachtete Verschraubung der Strecke MP gibt uns, da bei ihr nach (2) gleichen Zuwüchsen von φ gleiche Zuwüchse von h_φ entsprechen, ein Verfahren an die Hand, beliebig viele gleichmäßig verteilte Punkte der Schraubenlinie zu bestimmen, ohne die Abwicklung der geraden Kreiszylinderfläche benützen zu müssen; wir können es folgendermaßen schildern:

Um für eine Schraubenlinie mit dem Anfangspunkte A, der Achse m und der Ganghöhe h gleichmäßig verteilte Punkte zu finden, fällt man von A das Lot $A M_1$ auf m und benutzt als Grundkreis k_1 den Kreis, dessen Ebene in M_1 auf m senkrecht steht und der den Mittelpunkt M_1 und den Halbmesser $r = M_1 A$ besitzt. Darauf teilt man den Kreis k_1, von A ausgehend, und die auf m von M_1 aus aufgetragene Strecke h in die gleiche Anzahl gleicher Teile, beziffert die Teilpunkte übereinstimmend in dem Sinne, den die gewünschte Rechts- oder Linksgängigkeit der Schraubenlinie erfordert, und zieht zu jedem der hierdurch bestimmten Halbmesser von k_1 durch den gleichvielten Teilpunkt von m die parallele, gleichlange und gleichgerichtete Strecke. Für einen Gang der Schraubenlinie ergeben die gesuchten Punkte sich in den Endpunkten dieser Strecken und für jeden anschließenden Gang durch Wiederholung des Verfahrens.

Diese Konstruktion kann ohne weiteres im rechtwinkligen Zweitafelsystem ausgeführt werden, und zwar besonders bequem bei scheitelrechter Schraubenachse, d. h. für die *Grundstellung* der Schraubenlinie; es geschieht in der folgenden

Aufgabe: *Gegeben* sind die Risse eines in der Grundrißtafel liegenden Punktes A und einer scheitelrechten Geraden m, sowie eine Strecke h. *Gesucht* sind die Risse einer Anzahl von gleichmäßig verteilten Punkten der Schraubenlinie, deren Anfangspunkt A, deren Achse m und deren Ganghöhe h ist.

Ist M_1 der erste Spurpunkt von m, so ist der Grundriß des Grundkreises k_1 der Kreis, dessen Mittelpunkt M_1' und dessen Halbmesser $r = M_1' A'$ ist. Ferner können wir auf m'' die Ganghöhe h von M_1'' aus einmal oder mehrmals, hintereinander in wahrer Größe auftragen und an ihr wie an k_1' die Teilung in zwölf gleiche Teile unmittelbar ausführen. Dabei ist in Fig. 107 die Bezifferung für eine rechtsgängige Schraubenlinie eingesetzt und zugleich von vornherein die Lage von A so angenommen, daß die Teilpunkte *1* und *7* auf den scheitelrechten und die Teilpunkte *4* und *10* auf den wagerechten Durchmesser von k_1' fallen. Die Strecken, die durch die Teilpunkte von m zu ziehen sind, haben zu Grundrissen die Halbmesser, die nach den Teilpunkten von k_1' gehen, und zu Aufrissen wagerechte Strecken, die in den Teilpunkten von m'' beginnen und auf den Ordnungslinien der gleichvielten Teilpunkte von k_1' enden. Die Teilpunkte von k_1' und die Endpunkte der wagerechten Strecken im Aufriß sind die Risse der gesuchten Punkte.

321. Auf Grund der Erörterungen von Nr. 320 ist, wie ja ohnedies einleuchtet, der Grundriß der Schraubenlinie der Kreis k_1'. Ihre Bildkurve g'' im Aufriß ist durch die dort gewonnenen und durch Verfeinerung der Einteilung beliebig zu vermehrenden Punkte bestimmt. Um die Art der Kurve g'' zu erkennen, führen wir in Fig. 107 ein rechtwinkliges Koordinatensystem ein, dessen x-Achse mit m'' zusammenfällt; sein Ursprung sei der Aufriß des Punktes O, der aus den Teilpunkten 1 folgt. Gehören zu O der Drehwinkel φ_0 und die Höhe $h_0 = \varphi_0 p$, so ist für den Aufriß eines beliebigen Punktes P der Schraubenlinie

$$(4\,\mathrm{a}) \qquad x = h_\varphi - h_0 = (\varphi - \varphi_0)\, p,$$

und zwar, wenn wir die Richtungssinne der Strecken und die Drehsinne der Winkel beachten, einschließlich der Vorzeichen. In derselben Weise ist $\sphericalangle\, O'M_1' P' = \varphi - \varphi_0$ und, wenn

$$P'D' \perp M_1'O' \text{ ist,} \qquad y = M''P'' = D'P' = M_1'P' \cdot \sin O'M_1'P'$$

oder

$$(4\,\mathrm{b}) \qquad y = r \cdot \sin (\varphi - \varphi_0)\,.$$

Aus (4a) und (4b) folgt für x und y die Beziehung

$$(5) \qquad \frac{y}{r} = \sin \frac{x}{p}\,;$$

sie ist die Gleichung der Kurve g'' und geht, wenn wir mittels der Gleichungen

$$x = \frac{p}{r} \cdot x_1\,, \qquad y = y_1$$

eine affine Dehnung oder Zusammendrückung (Nr. 159) einführen, über in die Gleichung

$$\frac{y}{r} = \sin \frac{x}{r}$$

der Sinuslinie. Also ergibt sich der Satz:

Die Bildkurven einer Schraubenlinie in Grundstellung sind im Grundriß der Grundkreis und im Aufriß eine Kurve, die aus der Sinuslinie durch affine Zusammendrückung oder Dehnung längs ihrer Achse hervorgeht.

Der Richtungskegel.

322. Der in Nr. 317 eingeführte Winkel α ist der spitze Winkel zwischen den Geraden k_1^* und g^*, die in der Abwicklung dem Grundkreis k_1 und der Schraubenlinie g entsprechen. Deshalb schließt g^* mit allen Geraden, in die bei der Abwicklung des Schraubenzylinders dessen Erzeugende übergehen, Winkel ein, die gleich $90° - \alpha$ sind. Denselben Winkel bildet nach dem Anfang von Nr. 308 jede Tangente der Schraubenlinie g mit der Zylindererzeugenden ihres Berührungspunktes und demnach auch mit der Schraubenachse m. Der Winkel α ist somit der Neigungswinkel aller Tangenten von g gegen die zu m senkrechte Ebene des Grundkreises k_1 und wird — unter der Voraussetzung, daß diese Ebene wagerecht ist — als *Steigungswinkel* der Schraubenlinie bezeichnet.

Ziehen wir nun durch einen Punkt R von m die Parallelen zu allen Tangenten von g, so bilden diese nach Nr. 210 eine gerade Kreiskegelfläche mit dem halben Öffnungswinkel $90° - \alpha$. Bei der in Fig. 107 vorausgesetzten Stellung wählen wir R oberhalb von M_1 und so, daß $M_1 R = p$ ist; wenn dann T_1 der erste Spurpunkt einer Kegelerzeugenden ist (siehe in Fig. 107 die unter die Abwicklung gezeichnete Nebenfigur), so haben wir in dem rechtwinkligen Dreieck $M_1 T_1 R$

$$\sphericalangle\, M_1 R T_1 = 90° - \alpha, \qquad \sphericalangle\, M_1 T_1 R = \alpha$$

und

$$M_1 T_1 = M_1 R \cdot \operatorname{ctg} M_1 T_1 R = p \cdot \operatorname{ctg} \alpha$$

oder nach (1)

$$M_1 T_1 = r\,.$$

Also trägt der Grundkreis k_1 den Punkt T_1 und ebenso die ersten Spurpunkte aller übrigen Kegelerzeugenden; zusammen mit dem Scheitel R bestimmt er als Leitkreis diese gerade Kreiskegelfläche, die wir den *Richtungskegel* der Schraubenlinie nennen.

Ist nun (siehe die Nebenfigur von Fig. 107) t die Tangente in einem Punkt P der Schraubenlinie, so ist ihr Grundriß t' die Tangente von $g' \equiv k_1'$ in $P' \equiv P_1'$ und infolgedessen der eine zu $M_1' P_1'$ senkrechte Halbmesser von k_1' der Grundriß $R' T_1'$ der zu t parallelen Erzeugenden des Richtungskegels. Bezeichnen wir nun als *positive Schraubendrehung* den — in Fig. 107 durch einen Pfeil angedeuteten — Umlaufssinn von k_1, der dem Aufsteigen der Schraubenlinie entspricht, so folgt aus der gewählten Lage von R, daß $R' T_1'$ aus $M_1' P_1'$ durch eine Drehung um $90°$ entgegen der positiven Schraubendrehung hervorgeht. Also gilt der Satz:

Wird auf der Schraubenachse von dem Mittelpunkt des Grundkreises aus der Schraubenparameter aufgetragen, so bestimmt sein Endpunkt R mit dem Grundkreis den Richtungskegel. Ist P ein Punkt der Schraubenlinie und sind auf dem Grundkreis P_1 der Fußpunkt der durch P laufenden Zylindererzeugenden und T_1 der von P_1 um $90°$ gegen den Sinn der positiven Schraubendrehung entfernte Punkt, so ist die Gerade RT_1 zu der Tangente parallel, die die Schraubenlinie in P besitzt.

323. Die Zuordnung, die nach Nr. 322 zwischen den Tangenten einer Schraubenlinie und den Erzeugenden ihres Richtungskegels besteht, überträgt sich bei jeder Parallelprojektion auf die Tangenten der Bildkurve und auf die Bildgeraden der Erzeugenden des Richtungskegels; denn sie beruht ja darauf, daß je zwei zusammengehörige Geraden parallel sind. Dadurch erhalten wir die Lösung der unmittelbar an die in Nr. 320 vorangegangene sich anschließenden

Aufgabe: *Gegeben* sind für eine Anzahl von Punkten einer in Grundstellung befindlichen Schraubenlinie die in der Aufgabe von Nr. 320 hergestellten Risse. *Gesucht* sind die Tangenten, die im Aufriß die Bildkurve der Schraubenlinie in den gegebenen Punkten berühren.

Zunächst suchen wir für den Scheitel des Richtungskegels die Risse auf, ohne, wie in Nr. 322, die Abwicklung des Schraubenzylinders als gezeichnet vorauszusetzen. Da nach (2) und (3) für $\varphi = \tfrac{1}{2}\pi$

$$h_\varphi = \tfrac{1}{2}\pi p = \tfrac{1}{4}h \text{ ist, folgt } p : \tfrac{1}{4}h = 1 : \tfrac{1}{2}\pi$$

und hieraus
(6) $$p : \tfrac{1}{4}h = r : \tfrac{1}{2}\pi r;$$

dabei ist r der Halbmesser des Grundkreises k_1 und $\tfrac{1}{2}\pi r$ die Hälfte der Bogenlänge πr des Halbkreises von k_1, die wir in Fig. 107 an k_1' nach Nr. 311 bestimmen. Tragen wir nun in Fig. 107 $M_1'' U'' = r$ und $M_1'' V'' = \tfrac{1}{2}\pi r$ auf a_{12} nach derselben Seite von M_1'' auf, verbinden V'' mit dem Punkt von m'', der um $\tfrac{1}{4}h$ über M_1'' liegt — bei der gewählten Zwölfteilung also mit dem Teilpunkte 3 —, und ziehen zu dieser Geraden durch U'' die Parallele, die m'' in R'' trifft, so gilt für $M_1'' R''$ die Verhältnisgleichung (6), so daß $M_1'' R'' = p$ ist. Da m zur Aufrißtafel parallel steht, ist auch $M_1 R = p$ und somit der Punkt R, dessen Aufriß R'' und dessen Grundriß $R' \equiv M_1'$ ist, der Scheitel des Richtungskegels[1]).

Bei der in Fig. 107 gewählten Zwölfteilung gehören je zwei Teilpunkte des Grundkreises k_1 so zueinander, daß der eine von dem zweiten um 90° gegen den Sinn der Schraubendrehung entfernt ist; der erste bestimmt deshalb nach dem Satz von Nr. 322 die Erzeugende des Richtungskegels, zu der eine der gesuchten Tangenten der Schraubenlinie parallel ist. Übertragen wir also die Teilpunkte von k_1' durch Ordnungslinien auf $k_1'' \equiv a_{12}$ und verbinden die erhaltenen Punkte mit R'', so erhalten wir die Geraden, zu denen die Tangenten der Bildkurve parallel laufen, und können diese Tangenten unter Beachtung der geschilderten Zuordnung einzeichnen.

Wendepunkte und Scheitel der Bildkurve im Aufriß.

324. Mit dem rechtwinkligen Dreieck $R'' M_1'' U''$ ist in Fig. 107 zugleich der Steigungswinkel α der Schraubenlinie bestimmt; denn es ist

$$\operatorname{tg} M_1'' U'' R'' = \frac{M_1'' R''}{M_1'' U''} = \frac{p}{r} \text{ und somit nach (1) } \measuredangle M_1'' U'' R'' = \alpha.$$

Die Tangenten der Schraubenlinie, deren Berührungspunkte sich aus den Teilpunkten 1 und 7 ergeben, sind zu der Aufrißtafel parallel; deshalb müssen ihre Aufrisse, die als Tangenten der Bildkurve g'' zu ihren Schnittpunkten mit m'' gehören, unter dem Winkel α gegen a_{12} geneigt sein, und sind auch nach Nr. 323 in der Tat parallel zu $U'' R''$ und zu der dazu in bezug auf m'' symmetrischen Geraden.

Der Punkt O, den wir in Nr. 321 einführten, ist einer dieser Punkte. Es sei nun P ein beliebiger Punkt des von O aus aufsteigenden Bogens der Schraubenlinie, dessen Drehwinkel das Bogenmaß φ und dessen Aufriß P'' die Koordinaten $x = O'' M''$, $y = M'' P''$ besitzt; dann

---

[1]) Da nach (3) $p = \dfrac{h}{2\pi} = \dfrac{h}{6{,}28\ldots}$ ist, muß bei Zwölfteilung der Ganghöhe der Punkt R'' dicht unter den Teilpunkt 2 fallen.

schneidet die zu O'' gehörige Tangente von g'' die Gerade $M''P''$ in L'' so, daß $\sphericalangle\, M''L''O'' = \alpha$ und $M''L'' = O''M'' \cdot \operatorname{ctg} \alpha$ ist. Deshalb ist nach (1) und (4a) $M''L'' = x \cdot \operatorname{ctg} \alpha = (\varphi - \varphi_0)\, r$ und, da einerseits $(\varphi - \varphi_0)\, r$ die Länge des Bogens $O'P'$ von k_1', andererseits nach (4b) $M''P'' = D'P' = r \cdot \sin (\varphi - \varphi_0)$ ist, $M''L'' > M''P''$. Also muß $P'' -$ und ebenso jeder andere Punkt des von O'' aus aufsteigenden Bogens von $g'' -$ in dem nach oben gerichteten spitzen Winkel zwischen m'' und der zu O'' gehörigen Tangente von g'' enthalten sein. Ebenso aber zeigt sich, daß der von O'' aus absteigende Bogen von g'' in dem Scheitelwinkel jenes Winkels verläuft. Mithin tritt die Kurve g'' in O'' von der einen Seite ihrer Tangente auf die andere über. Genau dasselbe gilt für jeden anderen der Punkte, in denen die Kurve g'' die Gerade m'' schneidet.

Eine ebene Kurve, die in einem Punkt die zugehörige Tangente nicht nur berührt, sondern gleichzeitig auch überschreitet, kehrt dabei ihre Wölbung stets der Tangente zu und wendet infolgedessen in dem Punkt ihre Krümmung von der einen nach der anderen Seite; ein solcher Punkt und seine Tangente heißen *Wendepunkt* und *Wendetangente*. Wenn umgekehrt beim Durchlaufen einer ebenen Kurve ihre Krümmung von der einen Seite nach der anderen übergeht, so kann dies nur in einem Wendepunkt geschehen; bereits bei mehreren Kurven, die in diesem vierten Abschnitt behandelt wurden, war ein solcher Übergang zu beobachten, ohne daß jedoch die Wendepunkte selbst hätten leicht bestimmt werden können. Wir heben deshalb hier den Satz hervor:

Die Kurve, die der Aufriß einer Schraubenlinie in Grundstellung ist, hat in den Punkten Wendepunkte, in denen sie den Aufriß der Schraubenachse schneidet.

325. Die Bildkurve g'' der Schraubenlinie hat zu Symmetrieachsen die wagerechten Geraden, für die x ein ungerades Vielfaches von $\tfrac14 h = \tfrac12 \pi p$ ist; denn es haben, wie sich unmittelbar aus der Konstruktion von Fig. 107 erkennen und auch leicht aus der Gleichung (5) ableiten läßt, je zwei Punkte von g'', die gleichweit von einer solchen Geraden entfernt sind, gleiche und gleichgerichtete Abstände von m'' und liegen infolgedessen in bezug auf die Gerade zueinander symmetrisch. Die Scheitel von g'', die auf diesen Symmetrieachsen liegen, ergeben sich aus den Teilpunkten *4* und *10*; in jedem von ihnen ist nach (4a) und (4b) $\varphi - \varphi_0$ ein ungerades Vielfaches von $\tfrac12 \pi$ und $y = \pm\, r$. Die Scheiteltangenten sind, wie auch aus ihrer Konstruktion in Nr. 323 folgt, zu m'' parallel und bilden deshalb den scheinbaren Umriß des Schraubenzylinders.

Es sei nun S'' der Scheitel von g'', für den $\varphi - \varphi_0 = \tfrac12 \pi$, $x = \tfrac14 h$, $y = r$ ist, P'' ein ihm benachbarter Punkt von g'', der dem Drehwinkel φ entspricht und die Koordinaten $x = O''M''$, $y = M''P''$ besitzt, und N'' der Schnittpunkt der Scheiteltangente von S'' mit der Geraden $M''P''$; dann ist (je nach der Lage von P'')

$$N''S'' = \pm\, (\tfrac14 h - O''M'') = \pm\, (\tfrac14 h - x), \quad P''N'' = M''N'' - M''P'' = r - y$$

und nach (3), (4a), (4b), wenn wir $\varphi - \varphi_0 = \tfrac{1}{2}\pi - 2\,\omega$ setzen und die Formel $1 - \cos 2\,\omega = 2 \cdot \sin^2\omega$ anwenden,

$$N''S''= \pm\, 2\,\omega\, p, \qquad P''N''= 2\,r \cdot \sin^2\omega\,.$$

Hiermit nun ergibt sich, wenn wir in der Gleichung (8) von Nr. 166 die Buchstaben N'', S'', P'' an die Stelle der Buchstaben N, P, Y setzen, als der zu S'' gehörige Krümmungshalbmesser von g''

$$\mathfrak{r} = \tfrac{1}{2}\, lim\, \frac{\overline{N''S''}\,{}^2}{\overline{P''N''}} = \frac{p^2}{r}\left[lim\,\frac{\omega}{\sin\omega}\right]^2,$$

wobei der Grenzwert für die Vereinigung von P'' mit S'', d. h. für $\varphi - \varphi_0 = \tfrac{1}{2}\pi$ und $\omega = 0$ zu bestimmen ist. Da nach den Lehren der höheren Analysis $\displaystyle lim_{\omega=0}\frac{\omega}{\sin\omega} = 1$ ist, erhalten wir für $\mathfrak{r}$ die Gleichung

$$(7) \qquad\qquad\qquad \mathfrak{r} = \frac{p^2}{r}$$

und, da sich genau derselbe Wert auch für die anderen Scheitel von g'' ergibt, den Satz:

In den Scheiteln der Kurve, die der Aufriß einer Schraubenlinie in Grundstellung ist, haben die Krümmungshalbmesser dieselbe, durch (7) gegebene Länge.

Aufgabe. *Gegeben* sind in Fig. 107 die nach Nr. 320 und Nr. 323 hergestellten Risse. *Gesucht* sind die Scheitelkrümmungskreise des Aufrisses der Schraubenlinie.

Wir errichten in R'' auf $U''R''$ das Lot und schneiden es mit a_{12} in

K''; dann ist $M_1''K''= \dfrac{\overline{M_1''R''}\,{}^2}{M_1''U''} = \dfrac{p^2}{r}$ und nach (7) $\mathfrak{r} = M_1''K''.$

Mit diesem Halbmesser schlagen wir die Scheitelkrümmungskreise und können dann die Bildkurve fertig zeichnen[1]).

Die Schmiegungsebenen.

326. Wenn wir eine Schraubenlinie in einem bestimmten Punkt P untersuchen wollen, können wir sie, ihre Grundstellung vorausgesetzt, stets um die Schraubenachse m so drehen, daß, wie in Fig. 108, der Aufriß P'' auf m'' fällt, daß also P'' mit dem Aufriß des Lotfußpunktes M sich vereinigt und ein Wendepunkt der Bildkurve g'' ist. Deshalb gilt, was wir an Fig. 108 für P beweisen, für jeden Punkt der Schraubenlinie, soweit es sich nicht auf die besondere Stellung von P selbst bezieht.

Ist φ der Drehwinkel von P, so gehören zu den Drehwinkeln $\varphi - \varepsilon$ und $\varphi + \varepsilon$ zwei Punkte X und Y der Schraubenlinie; sie liegen so zu

---

[1]) Für eine flüchtige Skizze genügt es und empfiehlt es sich, den Punkt R'' auf Grund der Anmerkung zu Nr. 323 anzunehmen und mit seiner Hilfe die Wendetangenten und die Scheitelkrümmungskreise einzutragen.

beiden Seiten von P, daß im Grundriß $\sphericalangle\, X'M'P' = \sphericalangle\, P'M'Y' = \varepsilon$ ist, daß also die Sehne $X'Y'$ des Kreises k_1' wagerecht liegt und in ihrem Schnittpunkt D' mit dem scheitelrechten Halbmesser $M'P'$ gehälftet ist. Sind ferner U, V die Fußpunkte der Lote, die wir aus X, Y auf m fällen, so haben wir

$$U''X'' = D'X' = D'Y' = V''Y''$$

und nach Gleichung (2)

$$U''M'' = h_\varphi - h_{\varphi - \varepsilon} = \varepsilon\,p, \qquad M''V'' = h_{\varphi + \varepsilon} - h_\varphi = \varepsilon\,p\,.$$

Da hiernach $\triangle\, M''U''X'' \cong \triangle\, M''V''Y''$ ist, sind die Winkel $U''M''X''$ und $V''M''Y''$ einander gleich und liegen die Strecken $M''X''$, $M''Y''$ in einer Geraden. Infolgedessen schneiden die Geraden XY und MP einander in einem Punkt D, dessen Grundriß D' wir schon eingeführt haben und dessen Aufriß D'' mit $P'' \equiv M''$ übereinstimmt.

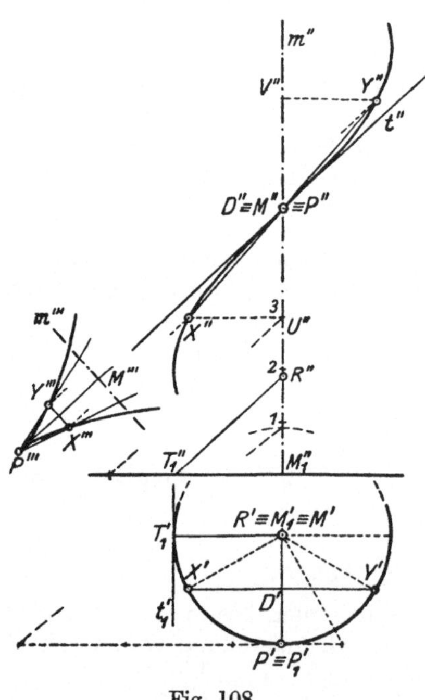

Fig. 108.

Wir ziehen hieraus zunächst einen Schluß, der nur für den Wendepunkt P'' der Bildkurve g'' gilt: Lassen wir X und Y sich dem Punkt P dadurch nähern, daß wir ε bis zum Wert 0 verkleinern, so nähern sich X'' und Y'' so dem Punkt P'', daß die Gerade $X''Y''$ sich um ihn dreht und schließlich mit der zu P'' gehörigen Wendetangente t'' von g'' zusammenfällt. Da nun nach Nr. 164 der durch P'' und zwei Nachbarpunkte bestimmte Kreis stets, wie auch die Annäherung dieser Punkte an P'' geregelt wird, in den Krümmungskreis übergeht, folgt aus der Annäherung von X'' und Y'', daß der Krümmungskreis durch die Wendetangente ersetzt wird. Hieraus folgern wir, indem wir eine Gerade als Kreis mit unendlich großem Halbmesser auffassen, den — für jede ebene Kurve geltenden — Satz:

In einem Wendepunkt einer ebenen Kurve ist der Krümmungshalbmesser unendlich groß.

327. Die Ebene E, die in jeder Lage der Punkte X, Y durch sie und den Punkt P bestimmt ist, enthält, weil die Geraden XY und MP einander in D begegnen, die Gerade MP und dreht sich um sie, wenn wir X und Y nach Nr. 326 durch Verkleinerung von ε gleichzeitig an P

heranrücken lassen. Ihre Grenzlage für $\varepsilon = 0$ ist, weil die Geraden PX und PY sich der zu P gehörigen Tangente t der Schraubenlinie nähern, bestimmt durch MP und t und heißt die zu P gehörige *Schmiegungsebene* der Schraubenlinie. Gleichzeitig geht der Kreis, der in E durch P, X, Y zu legen ist, über in einen Kreis der Schmiegungsebene, und diesen können wir, indem wir die in Nr. 164 gemachten Bemerkungen für räumliche Kurven wiederholen, als *Krümmungskreis* der Schraubenlinie einführen. Auch hier gilt, wofür wir allerdings den Nachweis wiederum der Anwendung der höheren Analysis auf die Geometrie überlassen müssen, der Satz, daß sich stets dieselben Grenzlagen als Schmiegungsebene und Krümmungskreis ergeben, wie wir auch die Annäherung zweier Nachbarpunkte X, Y an den Punkt P regeln. Insbesondere folgt aus ihm, daß die durch t und X bestimmte Ebene E_1 und die durch t und Y bestimmte Ebene E_2 in die Schmiegungsebene hineinfallen, wenn wir X und Y auf der Schraubenlinie nach P rücken lassen; denn wir können ja den Grenzübergang für E folgendermaßen gestalten: Wir vereinigen zuerst den einen der beiden Punkte X, Y allein mit P, so daß die ihn mit P verbindende Gerade in t und die Ebene E in E_1 oder E_2 übergeht, und bewegen dann erst den anderen Punkt nach P, wobei die mit E_1 oder E_2 vereinigte Ebene E sich um t dreht.

Benutzen wir in Fig. 108 dieselben Bezeichnungen wie in Nr. 322, so ist MP parallel zu dem Halbmesser $M_1 P_1$ von k_1, t parallel zu der Erzeugenden RT_1 des Richtungskegels und, da nach Nr. 322 $M_1 T_1 \perp M_1 P_1$, die zu T_1 gehörige Tangente t_1 von k_1 parallel zu $M_1 P_1$; deshalb muß die durch MP und t bestimmte Schmiegungsebene des Punktes P parallel sein zu der durch t_1 und RT_1 bestimmten Tangentialebene des Richtungskegels. Also folgt in Hinblick auf den Satz von Nr. 322:

Die Schmiegungsebene, die eine Schraubenlinie in einem Punkt P besitzt, enthält das aus P auf die Schraubenachse gefällte Lot und ist parallel zu der Tangentialebene des Richtungskegels, deren Berührungserzeugende zu der Tangente von P parallel ist.

328. Jede Gerade, die in einem Punkt P einer Raumkurve auf der zugehörigen Tangente t senkrecht steht, ist eine *Normale*, und insbesondere die in der Schmiegungsebene von P liegende Normale die *Hauptnormale* der Kurve. Aus den Rissen von MP und t in Fig. 108 folgt unmittelbar (Nr. 51), daß MP sowohl auf t als auch auf der Aufrißtafel senkrecht steht; also ist MP die zu P gehörige Hauptnormale der Schraubenlinie und P ein Punkt der Schraubenlinie, dessen Hauptnormale den Projektionsstrahlen des Aufrisses parallel läuft. Der Umstand, daß P'' ein Wendepunkt der Bildkurve g'' ist, liefert ein Beispiel des allgemeinen Satzes:

Gehört die Hauptnormale, die eine Raumkurve in einem Punkt P besitzt, zu den Projektionsstrahlen, so ist der Bildpunkt von P ein Wendepunkt der Bildkurve und die Spur der Schmiegungsebene die Wendetangente.

Endlich fügen wir in Fig. 108 noch einen an den Aufriß anschließenden dritten Riß hinzu, dessen Tafel auf der Tangente t von P senkrecht steht. In ihm bilden sich die Schmiegungsebene von P in die Gerade $P'''M'''$, die durch t und X gelegte Ebene E_1 in die Gerade $P'''X'''$ und die durch t und Y gelegte Ebene E_2 in die Gerade $P'''Y'''$ ab. Lassen wir nun auf der Schraubenlinie X und Y nach P rücken, so müssen, da dabei nach dem ersten Absatz von Nr. 327 E_1 und E_2 sich der Schmiegungsebene nähern, die Punkte X''' und Y''' auf der Bildkurve g''' so nach dem Punkt P''' streben, daß die Geraden $P'''X'''$ und $P'''Y'''$ sich in die gemeinsame Grenzlage $P'''M'''$ drehen. Deshalb ist P''' eine *Spitze* (vgl. Nr. 156) der Kurve g'''. Wir finden hierdurch ein Beispiel des allgemeinen Satzes:

Gehört die Tangente, die eine Raumkurve in einem Punkt P besitzt, zu den Projektionsstrahlen, so ist der Bildpunkt von P eine Spitze der Bildkurve und die Spur der Schmiegungsebene die Spitzen- oder Rückkehrtangente.

Einen besonderen Fall dieses Satzes stellen die Aufrisse der Durchdringungskurven in Fig. 97 und Fig. 101 dar (vgl. den letzten Absatz von Nr. 293).

Lehrbuch der darstellenden Geometrie
Von Dr. **W. Ludwig**
o. Professor an der Technischen Hochschule Dresden
Erster Teil:
Das rechtwinklige Zweitafelsystem
Vielflache, Kreis, Zylinder, Kugel
Mit 58 Textfiguren. 1919. Preis M. 8.—

Lehrbuch der darstellenden Geometrie. In zwei Bänden. Von Dr. **Georg Scheffers**, o. Professor an der Technischen Hochschule Berlin.
Erster Band: Mit 404 Textfiguren. 1919.
Preis M. 26.—; gebunden M. 30.60
Zweiter Band: Mit 396 Textfiguren. 1920.
Preis M. 52.—; gebunden M. 60.—

Koordinaten-Geometrie. Von Dr. **Hans Beck**, Professor an der Universität Bonn.
Erster Band: **Die Ebene.** Mit 47 Textabbildungen. 1919.
Preis M. 28.—; gebunden M. 31.—

Ingenieur-Mathematik. Lehrbuch der höheren Mathematik für die technischen Berufe. Von Dr.-Ing. Dr. phil. **Heinz Egerer**, Diplom-Ingenieur, vormals Professor für Ingenieur-Mechanik und Materialprüfung an der Technischen Hochschule Drontheim.
Erster Band: **Niedere Algebra und Analysis — Lineare Gebilde der Ebene und des Raumes in analytischer und vektorieller Behandlung — Kegelschnitte.** Mit 320 Textfiguren und 575 vollständig gelösten Beispielen und Aufgaben. Berichtigter Neudruck 1921.
Gebunden Preis M. 96.—
Zweiter Band: **Differential- und Integralrechnung — Reihen und Gleichungen — Kurvendiskussion — Elemente der Differentialgleichungen — Elemente der Theorie der Flächen- und Raumkurven — Maxima und Minima.** Mit 477 Textabbildungen und über 1000 vollständig gelösten Beispielen und Aufgaben. 1922.
Gebunden Preis M. 132.—
Dritter Band: **Gewöhnliche Differentialgleichungen, Flächen, Raumkurven, partielle Differentialgleichungen, Wahrscheinlichkeits- und Ausgleichsrechnung, Fouriersche Reihen usw.** In Vorbereitung

Differential- und Integralrechnung (Infinitesimalrechnung). Für Ingenieure, insbesondere auch zum Selbststudium. Von Diplom-Ingenieur Dr. **W. Koestler** in Burgdorf und Dr. **M. Tramer** in Zürich.
Erster Teil: **Grundlagen.** Mit 221 Textfiguren und 2 Tafeln. 1913.
Preis M. 13.—

Lehrbuch der Mathematik. Für mittlere technische Fachschulen der Maschinenindustrie. Von Professor Dr. **R. Neuendorff** in Kiel. Zweite, verbesserte Auflage. Mit 262 Textfiguren. 1919. Gebunden Preis M. 12.—

Die technische Mechanik des Maschineningenieurs mit besonderer Berücksichtigung der Anwendungen. Von Professor Dipl.-Ing. **P. Stephan**, Reg.-Baumeister. In vier Bänden.
Erster Band: **Allgemeine Statik.** Mit 300 Textfiguren. 1921.
Gebunden Preis M. 40.—
Zweiter Band: **Die Statik der Maschinenteile.** Mit 276 Textfiguren. 1921.
Gebunden Preis M. 54.—
Dritter Band: **Bewegungslehre und Dynamik fester Körper.** Mit 264 Textfiguren. 1922.
Gebunden Preis M. 61.—
Vierter Band: **Festigkeitslehre.**
Unter der Presse.

Lehrbuch der technischen Mechanik. Von Prof. **M. Grübler,** Dresden.
Erster Band: **Bewegungslehre.** Zweite, verbesserte Auflage. Mit 144 Textfiguren. 1921. Preis M. 40.— (einschl. Verlagsteuerungszuschlag)
Zweiter Band: **Statik der starren Körper.** Mit 222 Textfiguren. 1919.
Preis M. 64.— (einschl. Verlagsteuerungszuschlag)
Dritter Band: **Dynamik starrer Körper.** Mit 77 Textfiguren. 1921.
Preis M. 40.— (einschl. Verlagsteuerungszuschlag)

Autenrieth-Enßlin, Technische Mechanik. Ein Lehrbuch der Statik und Dynamik für Maschinen- und Bauingenieure. Dritte Auflage. Neubearbeitet von Professor Dr.-Ing. **Max Enßlin,** Stuttgart. Mit etwa 300 Textfiguren.
Erscheint im Frühjahr 1922.

Leitfaden der Mechanik für Maschinenbauer. Mit zahlreichen Beispielen für den Selbstunterricht. Von Professor Dr.-Ing. **Karl Laudien,** Breslau.
Mit 229 Textfiguren. 1921. Preis M. 30.—

Theoretische Mechanik. Eine einleitende Abhandlung über die Prinzipien der Mechanik. Mit erläuternden Beispielen und zahlreichen Übungsaufgaben. Von Professor **A. E. H. Love,** Oxford. Autorisierte deutsche Übersetzung der zweiten Auflage von Dr.-Ing. **Hans Polster.** Mit 88 Textfiguren. 1920.
Preis M. 48.—; gebunden M. 54.—

Aufgaben aus der technischen Mechanik. Von Professor **Ferd. Wittenbauer,** Graz.
I. Allgemeiner Teil. 843 Aufgaben nebst Lösungen. Vierte, vermehrte und verbesserte Auflage. Mit 627 Textfiguren. Unveränderter Neudruck 1921. Gebunden Preis M. 48.—
II. Festigkeitslehre. 611 Aufgaben nebst Lösungen und einer Formelsammlung. Dritte, verbesserte Auflage. Mit 505 Textfiguren. Zweiter, unveränderter Neudruck. Erscheint im Frühjahr 1922.
III. Flüssigkeiten und Gase. 634 Aufgaben nebst Lösungen und einer Formelsammlung. Dritte, vermehrte und verbesserte Auflage. Mit 433 Textfiguren. 1921. Gebunden Preis M. 50.—

Ingenieur-Mechanik. Lehrbuch der technischen Mechanik in vorwiegend graphischer Behandlung. Von Prof. Dr.-Ing. Dr. phil. **H. Egerer.**
Erster Band: **Graphische Statik starrer Körper.** Mit 624 Textabbildungen sowie 238 Beispielen und 145 vollständig gelösten Aufgaben.
Preis M. 14.—; gebunden M. 16.—
Band 2—4 in Vorbereitung. Der zweite und dritte Band behandeln die gesamte Mechanik starrer und nichtstarrer Körper. Der vierte Band bringt die Erweiterung der Festigkeitslehre und Dynamik für Tiefbau-, Maschinen- und Elektroingenieure.